淡黑玳灰蝶卵（局部）

白衬安灰蝶幼虫（局部）

波蚬蝶蛹（局部）

莱灰蝶鳞片（20x）

超微
视角下
的
自然奇迹

The
Microscopic
Marvels
of
Nature

Revealing the Hidden Beauty of Butterfly Eggs

蝴蝶卵的隐秘之美

章叶飞 著

化学工业出版社
·北京·

内容简介

本书是一本关于蝴蝶卵科普的超微距摄影图鉴，书中收录了作者多年微距摄影积累的100多种蝴蝶卵，每种蝴蝶卵都如同宝石般莹润，色彩斑斓，堪称“有生命的宝石”。书中所有照片均采用超微距摄影技术和景深堆栈技术拍摄而成，将肉眼很难看清的蝴蝶卵用10x、20x、50x的显微物镜进行放大拍摄，结合景深堆栈技术，一张成片往往需要几百张，甚至上千张的单景深照片进行堆栈合成，工作量巨大。成片各个细节清晰、震撼，让人感受到微观视角下蝴蝶卵那极为丰富的色彩以及美轮美奂的纹理结构，感受其隐秘的美感。书中综述部分系统介绍了蝴蝶的生活史、蝴蝶的完全生活史、超微距摄影技术、蝴蝶卵的基本结构，蝴蝶卵图鉴部分简洁明了地配文讲解了相应蝴蝶卵的科属、拉丁学名、形态特征、寄主等信息，让读者在欣赏震撼的图片的同时，学习到这些蝴蝶卵的相关知识。

图书在版编目（CIP）数据

蝴蝶卵的隐秘之美 / 章叶飞著. -- 北京 ： 化学工业出版社，2025. 8. -- ISBN 978-7-122-46804-8

Ⅰ. Q964-49

中国国家版本馆 CIP 数据核字第 2024BT1684 号

责任编辑：孙晓梅
装帧设计：尹琳琳
责任校对：赵懿桐

出版发行：化学工业出版社
（北京市东城区青年湖南街 13 号　邮政编码 100011）
印　　装：北京宝隆世纪印刷有限公司
889mm×1194mm　1/16　印张 20　字数 200 千字
2025 年 10 月北京第 1 版第 1 次印刷

购书咨询：010-64518888
售后服务：010-64518899
网　　址：http://www.cip.com.cn
凡购买本书，如有缺损质量问题，本社销售中心负责调换。

定　　价：238.00 元

序一

这几天，北京近40摄氏度的高温，快到中午了，我还在屋顶喂龟，感觉马上就要中暑了。

突然，一个黑影贴着地面从龟背上掠过，不用抬头我都知道是花椒凤蝶（柑橘凤蝶）又来了，它最近每天都来。我扭头看向我的花椒树，发现那只蝶正弯着腹部在树梢的嫩芽处产卵呢。日头高照，逆光下，我能清晰地看到那一粒如同小米的黄色蝶卵。

哎呀，我突然想起来，答应暮光兄的序言还没写！

我和暮光兄的相识就缘于他拍摄的蝶卵，那一粒粒形态各异的蝶卵纤毫毕现，完美的布光赋予了卵粒更强的生命力。在暮光兄的镜头里，每一粒蝶卵都那么干净，仿佛刚刚产出，还没沾染过一丝微尘。虽然我在很多年前就开始关注和拍摄蝶卵，但还是被这些照片深深震撼，可想而知，如果从未见过蝶卵的人，看到这些充满生命的宝石，会发出怎样的惊叹！生命的美，可以是层峦叠嶂的山峰，可以是波涛汹涌的大海，可以是一棵树、一眼泉、一朵花、一片叶，更可以是这一粒微小而精妙的蝶卵。当你通过暮光兄的超微距镜头去看蝶卵的时候，你能找到心中所有的美景。这粒只有1~2mm的卵，如果一切顺利的话，最终会变成一只大蝴蝶，它可以飞过高山甚至是大海（斑蝶迁徙可以跨海飞行），它在一棵树上过夜，它在泉眼边的泥地上吸水，它终于找到一朵满是蜜露的花，它在叶片上产下最后一粒卵，然后盘旋着飘然而下，融入土壤，生命再次回到原点。

先前的花椒凤蝶还在产卵，它可真够贪心的，也可能是市区的花椒树实在太少了，我感觉它在每片嫩叶上都产下了卵粒。看着这些最熟悉的蝶卵，我不禁心生惭愧，二十年前我就已经开始拍摄这种蝶卵了，但到现在也没有一张十分满意的照片。那时候，摄影器材还很简陋，我用的卡片机只有200万像素，远不如现在的手机。作为新手，我总想无限放大我发现的一切，各种昆虫的复眼、翅膀上的细节、后足上的尖刺……直到有一天我偶然发现了蝶卵，开始为之着迷。我尝试了加增倍镜，再到后来的反接标头，虽然现在看来那些照片实在不怎么样，但在当时，还是给了我足够的震撼，毕竟那全都是我目所不及的细节。

后来我更新了设备，买了可以5倍放大的超微距镜头。再后来，为了更好的效果，在暮光兄的指导下，我添置了全自动景深叠加（堆栈）拍摄设备，但还是难以拍到满意的图片。对比暮光兄所拍摄的这些犹如艺术品的蝶卵，我那些顶多算是“记录照”吧。

细想，拍蝶卵这事儿，确实很难。首先，找起来就很难，蝶卵实在太小了，被“蝶妈”安置在各种植物上，在山里找蝶卵如同大海捞针。如果想要事半功倍，至少要把自己变成半个植物学家。因为蝴蝶幼虫有专食性，大多数蝴蝶幼虫只吃某一种或某一科的植物，如果你能认出这种植物，找起来就容易多了。其次，想要拍到完美的卵粒，最好是“蝶妈”刚刚产下的，不然在野外风吹日晒，蝶卵上会沾满灰尘、杂物，拍出来也是乱糟糟、脏兮兮的。初产的蝶卵在发育过程中还会有颜色和斑纹的变化，非常有趣。好不容易找到了蝶卵，拍摄就更难了，想要叠加出好照片，各种参数组合都要精确调整。在拍摄过程中保持叶片的新鲜也难，毕竟叶子干了拍出来就不好看了。布光更难，不同的蝶卵要用不同的布光方式来表现细节和质感。总之，拍蝶卵实在是难上加难。

如此之难，暮光兄却“坚持”下来了，给坚持加了引号，我想暮光兄应该不觉得是在坚持吧？总觉得他拍得从容、游刃有余，不必说什么坚持，只是在享受那份快乐。我看着他每年都在不断地增加拍摄蝶卵的种类，不断地追求更完美的效果，对此十分钦佩。

也幸好有他，有他的“坚持”，我们才能看清这些充满生命的宝石的隐秘之美，才能无限接近生命最初的美好。

唐志远

序二

昆虫是世界上物种最多的动物，除南北极之外，遍布全球。迄今为止，人类已知的昆虫物种超过180万种（据GBIF统计），其中鳞翅目昆虫（蛾及蝴蝶）约占20万种，蝴蝶约占2万种。我国已知的蝴蝶有两千多种。近年的遗传研究证明，蝴蝶是由特定类群的蛾类进化演变而来的分支，在国际上这已经是不争的事实。

蝴蝶深受大家喜爱，我国古代的文人墨客将蝴蝶作为画作、诗词的题材；西方国家将收藏蝴蝶标本作为贵族的嗜好，将蝴蝶应用到各行各业，甚至生活中。随着科技发展，各种高像素的数码相机出现，拍摄蝴蝶题材的作品开始普及。

拍摄蝴蝶时，大多数人只停留在拍摄蝴蝶访花、翩翩起舞的姿态。如果说起拍摄蝴蝶的卵，很多人会感到陌生。如何寻找？怎么拍摄？脑海里会浮现出各种疑问。蝴蝶卵的拍摄有三大难点：采集难、拍摄难、后期难。蝶卵因体型太小，肉眼观察较困难，野外寻觅难度高，必须了解各种蝴蝶的不同习性、幼虫期吃的不同寄主植物，把握不同蝴蝶的产卵时间，加上有一定的耐心及运气，才有机会找到，这个技术难点已经是很高的门槛。蝶卵通常发育得比较快（某些类群有较长时间的越冬习性），需要把握好最佳拍摄时机，同时也经常出现卵被寄生、位置不理想或不够洁净等问题而导致拍摄失败。目前市面上超微距镜头的放大倍率不尽如人意，想要获得更多细节，必须动手改装拍摄设备，加上拍摄方法特殊、后期技术处理难度高，让不少摄影爱好者了解这一复杂过程后望而却步。在异地采集的时候，携带大箱小包沉重的摄影装备，白天寻找蝶卵，晚上通宵达旦拍摄，已经是我们的常态，所以一幅好的作品背后付出的辛劳可想而知。

各种蝴蝶为了繁衍生息及防御天敌，进化出各种各样的生存本领。雌蝶能辨清森林里的植物，寻找幼虫爱吃的植物产下卵，而并非随便产在一种植物上。各种蝴蝶为了能让卵顺利孵出幼虫而不被天敌发现，也想尽办法把卵产在寄主的不同位置，包括植物的叶片、花、果、茎、芽，甚至产在寄主附近的植物或隐藏物上。有些物种将自己的后翅及腹部末端的缘毛涂抹在卵的表面以隐匿踪迹；有些类群将卵群产，尽量让一部分卵能顺利孵化；有些物种甚至将卵产在蚂蚁窝或蚂蚁出没的地方，利用蚂蚁保护蝶卵。这些行为从生物学角度看是非常有趣的。

暮光兄花了很大心血，不分昼夜地拍摄出我国5科74属100多种蝴蝶卵的精美图片，是目前仅有的一本以蝴蝶卵为题材的书籍。蝴蝶卵缤纷的色彩、独特的造型，让人产生不同的遐想。这些精美绝伦的蝶卵图片揭秘了蝴蝶另类独特的美，再加上简明易懂的科普信息，既能为生物学家、设计师、建筑师、文学家等提供独特的素材和灵感来源，也能为物种分类研究人员提供更多的分类证据，为森林保护人员、自然科普工作者提供更多的生物信息，让社会上更多的人关注蝴蝶，从而唤醒人类对自然生物及自然生态环境的保护意识。

绝大部分蝴蝶的生活史尚未被发现，国内太缺乏这样专业的考察。我们一直在为寻找更多蝶卵、拍摄更多精彩的照片而努力，这个过程既有意义，又能带来许多乐趣及故事，希望有更多有共同兴趣的爱好者加入我们的行列。

陈嘉霖

写在前面

蝴蝶，一种常见而又美丽的昆虫。全球已知的蝴蝶种类已经超过2万种，而在幅员辽阔的中国，至今已经记载了2300多种蝴蝶，并且还在不断发现新的种类。可以说，只要有适宜的气候和环境，几乎全年都能见到它们的身影。

大多数人对于蝴蝶的印象，可能还停留在它们访花飞舞、相互追逐的样子。那么蝴蝶在学会飞舞之前是什么样的呢？事实上，蝴蝶的一生要经历卵、幼虫、蛹、成虫四个不同的生命阶段，蝶卵是蝴蝶最初的生命形态，它们很小，小到无法用肉眼分辨。也许正是因此，我们对它们的了解少之又少。但在这样微如尘埃的“角色”里却孕育着一个个不可思议的生命，它们的幼虫将“潜伏”于树叶间，它们的蛹将伪装成植物的“果实”，它们也终将成为“会飞的花朵”。

早在2018年，一次偶然的机会，我被好友张红飞先生拍摄的一组蝴蝶卵照片所吸引，从没有想到，细如微尘的蝴蝶卵竟然有如此丰富的色彩和纹理。其实在这之前我也了解过一些超微摄影的信息，但多数是拍摄各式蝴蝶鳞片和各地海沙的，极少有关于昆虫卵的超微摄影作品，所以我想如果在更高倍的镜头之下，蝴蝶卵是否还会有更特别的惊喜？于是在随后的一段时间里，我一直在构思和改造拍摄设备。当时虽然有一些解决方案，但许多的附件和外设都需要自己动手完成，譬如显微镜物镜连接单反相机的管镜组，延长管内壁需要手动贴好消光植绒以最大限度地防止眩光的形成等。在许多热心网友的建议和帮助下，2020年我终于搭建完成了自己的超微摄影平台，并在随后将近三年的时间里，将这些隐藏的美丽一一呈现在我的作品里。

2021年的早春，我第一次在显微镜下看到蝴蝶卵清晰的样子，是一颗大红蛱蝶的卵，也是在江阴市每年开春可以观察到的第一种蝴蝶卵。虽说由于高倍显微镜极浅的景深，无法看到蝶卵的整个面貌，但当它们的细节第一次在我的面前展现时，极细微的毫厘之间，繁花般的纹理与绚丽的色彩让我赞叹不已，不禁惊叹大自然那精雕细琢的能力在这里展现得淋漓尽致。“未知”有时候是一种让人很期待的事情，在这次奇妙的视觉体验过后，每次遇到不同种类的蝴蝶卵时，我都很期待它们将呈现出怎样的惊喜。

本书中，我精心挑选了近三年来拍摄的105种不同科属的蝴蝶卵，向大家展示它们各自的精妙结构和色彩，让大家感知它们隐秘的美感。每次在拍摄不同的蝴蝶卵时，我总在想它们像我们生活中熟悉的什么？也许是可口的甜点，也许是精妙绝伦的建筑物……欢迎来到神秘的微观世界，相信一切都在你想象之外！

章叶飞（暮光）

花椒凤蝶（柑橘凤蝶）卵

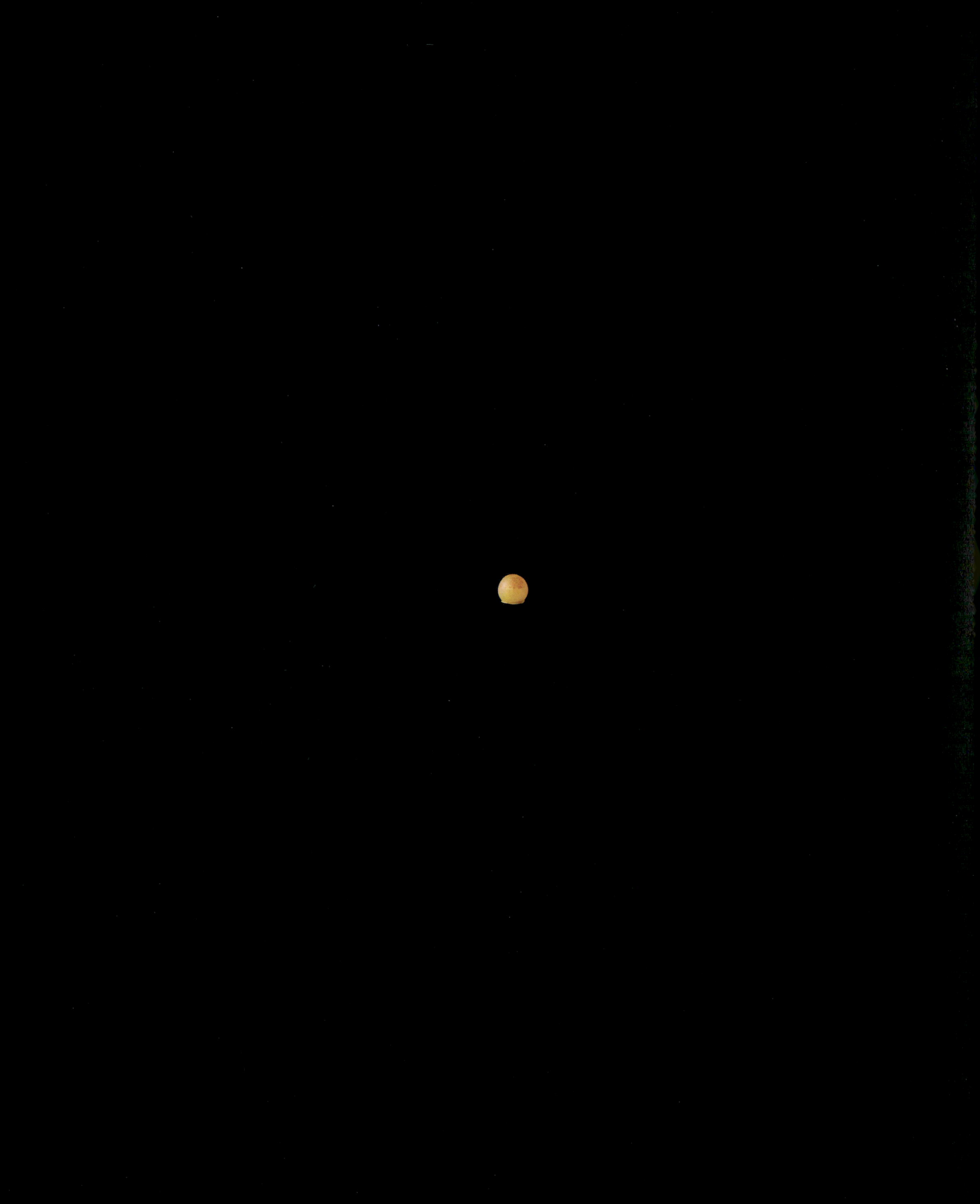

花椒凤蝶（柑橘凤蝶）成虫

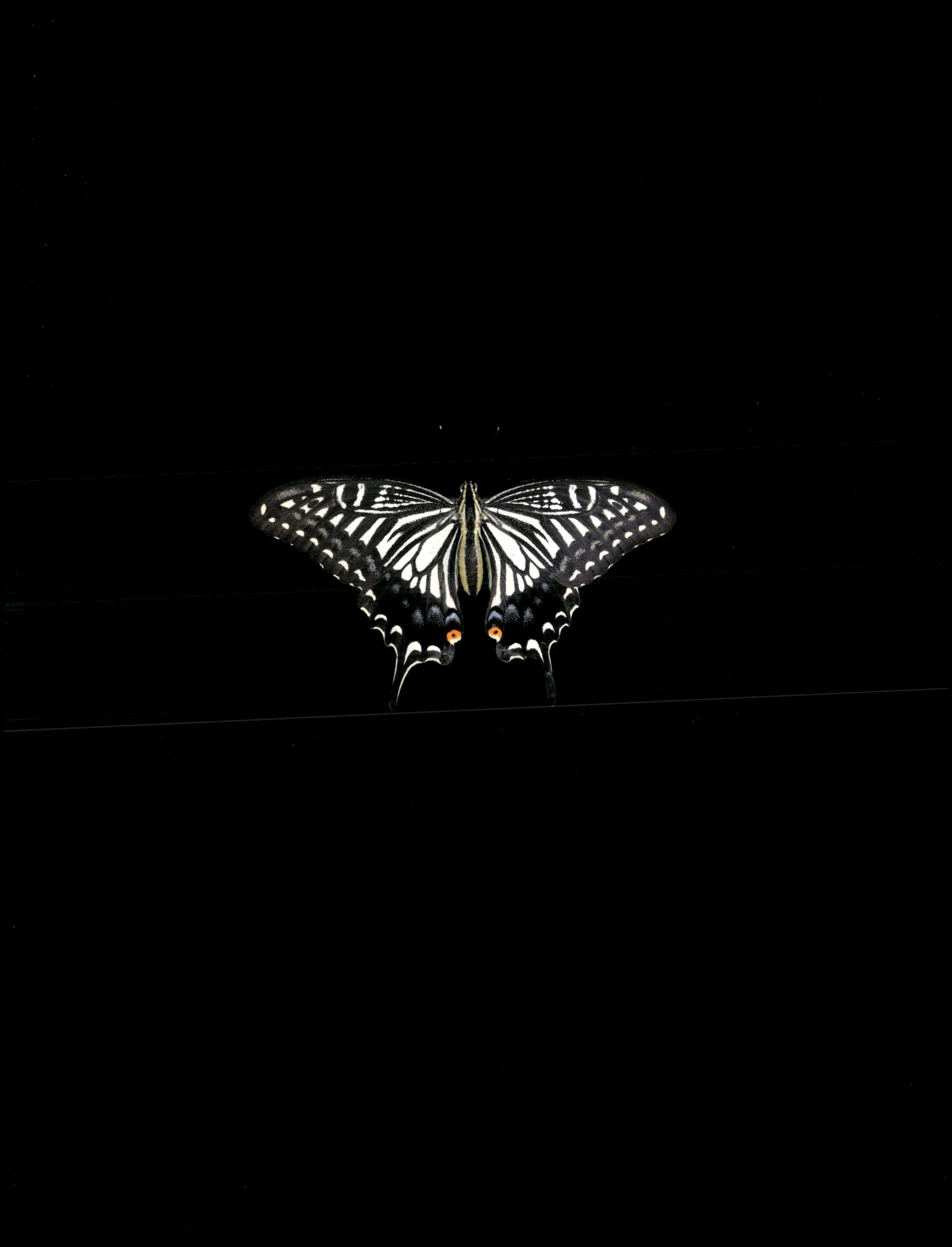

1
2
3
4

1

第一章

蝴蝶的基本生活史

每只蝴蝶的成长都要历经卵、幼虫、蛹、成虫这四个形态。
生命起始于形态、颜色各异的卵，雌蝶将卵精准地产在特定植物上，为幼虫准备好“口粮”。

孵化后的幼虫一门心思进食，经历多次蜕皮，迅速长大，形态、斑纹各有特色，还会用保护色或特殊构造抵御天敌。

待时机成熟，幼虫化蛹，在蛹壳内悄悄重塑身体，完成复杂蜕变。

最后成虫破蛹而出，展开并硬化翅膀，凭借斑斓羽翼飞舞于花丛，吸食花蜜，寻觅伴侣繁衍后代，开启新一轮生命轮回 。

不同科的蝴蝶的四态图

蝴蝶是一种完全变态发育的昆虫，它的一生要经历卵、幼虫、蛹和成虫四种形态和机能上完全不同的虫态。下面是不同科的蝴蝶的四态图。

1. 卵
2. 幼虫
3. 蛹
4. 成虫

1

北黄粉蝶
Eurema mandarina

1

达摩凤蝶
Papilio demoleus

1

姜弄蝶
Udaspes folus

2

3

4

2

3

4

2

3

4

不同科的蝴蝶的四态图

1

琉璃蛱蝶
Kaniska canace

1

珍灰蝶
Zeltus amasa

1

波蚬蝶
Zemeros flegyas

2

3

4

2

3

4

2

3

4

卵期

从雌蝶产下一枚受精卵起，蝴蝶精彩纷呈的一生便开始了。

蝶卵，是蝴蝶生命周期的起始，也是本书重点为大家展示的部分。它们“散落”在鲜为人知的自然深处，少有人关注和了解，但它们微小却不渺小，每一种蝴蝶的卵，在显微镜下都展示着它们在小世界中的艺术品特质，琳琅满目、绚烂多彩。

色彩缤纷、形态多样的蝴蝶卵

密纹飒弄蝶卵
像一个美味的巧克力蛋糕

密纹矍眼蝶卵

如同翡翠打造的精美装饰品

钮灰蝶卵

纹理如同花朵般绽开，给人一种对称的几何美感

绿带燕凤蝶卵

如同莹润的夜明珠

拟白带褐蚬蝶卵

莹亮圆润，如同一盏温暖的夜灯

纤粉蝶卵

美丽剔透的蓝色，如同清澈的湖水

蝴蝶卵中包含着原生质和大量的卵黄，通常卵在产下后的几天内就会孵化，在这个过程中，表面看似平静的卵，内部却在发生着翻天覆地的变化，经历多次的细胞有丝分裂、组织分化和器官系统形成后，发育完全的幼虫就会破壳而出，进入生命的第二个阶段——幼虫期，也就是我们常说的毛毛虫。

幼虫根据蝴蝶种类的不同也有着各不相同的形态，有些像蛞蝓，有些像一条小青龙，有些身上长满了长长的尖刺，有些屁股上顶着“天线”，有些像外星生物，外形可谓千奇百怪。

蝴蝶幼虫

波蚬蝶幼虫

浑身晶莹剔透，如同碧玉雕刻而成

白衬安灰蝶幼虫

通体碧绿，形状像蛞蝓

二尾蛱蝶幼虫

浑身碧绿色，头上长着四个向后的『角』，像神话中的小青龙

叉蛱蝶幼虫

顶着一张黑白的脸，神似空洞骑士

幼虫的生长是伴随着一次次蜕皮进行的，因为它们无法伸缩自如的外皮容不下日益长大的身躯，所以每生长到一定时期，必须把旧表皮蜕去而形成宽大的新表皮，在蜕皮之前，幼虫会待在一个地方，一动不动，不吃不喝，就像睡着了一般，所以也称作“眠”，刚孵化的幼虫为一龄虫，每蜕一次皮就增加一龄。一般蝴蝶幼虫要蜕皮4~5次，不同种类的蝴蝶，蜕皮次数也不尽相同，有些多达10次以上。

在每次蜕皮之后，许多幼虫会吃掉蜕下来的旧皮，但是坚硬的头壳会被保留下来。

蝴蝶在幼虫期的唯一任务就是不断地进食，将自己养得又肥又胖。每一次蜕皮除了让幼虫的外形产生变化以外，也会让幼虫有更大的胃口。每一种蝴蝶幼虫喜欢吃的食物各不相同，大部分幼虫会吃某一种或多种植物的叶子，或某种植物的花蕾、花序以及果子。当然也有吃“荤”的，例如以蚜虫为食物的蚜灰蝶幼虫，还有吃介壳虫的三尾灰蝶幼虫。蚜灰蝶的雌蝶会把卵产在蚜虫的聚集区，这些看似美丽且人畜无害的蝴蝶卵，在孵化成幼虫后，就会显露出真正的“獠牙”，小小的幼虫会成为蚜虫的致命克星。

蝴蝶幼虫蜕皮后留下的精美头壳，形态多样，色彩斑斓，宛如艺术品

像果冻般的蚜灰蝶卵

蛹期

当幼虫生长到最后一龄时称为末龄虫，待到摄取的营养足够多，许多幼虫身体会越发肥胖而透明起来。此时它会找一个合适的地方做化蛹前的准备，这便是预蛹阶段。

在经过一到两天的预蛹期，幼虫会完全蜕变为蝴蝶的第三种形态——蛹，在之后的一段时间内，蝶蛹的外壳会硬化和定型，从而得以保护蛹内即将发生的翻天覆地的发育变化。

预蛹期的玉带凤蝶幼虫

预蛹期的二尾蛱蝶幼虫

蛹的种类

蝴蝶的蛹根据附着方式的不同可以分为悬蛹和缢蛹。

悬蛹

只有一个附着点，通常幼虫会在化蛹前从口中吐丝，在附着物（叶子或树枝）上做一个丝垫，化蛹时把自己的头朝下，用腹部末端的钩状突起（臀棘）钩住这个丝垫，使身体悬挂在附着物下面。几乎所有蛱蝶的蛹都是悬蛹。

缢蛹

除了在臀棘处有一个附着点以外，在胸部还会缠绕一根丝把自己勒住，作为固定的第二个附着吊点。粉蝶、凤蝶、弄蝶和大部分灰蝶的蛹都属于缢蛹。

二尾蛱蝶蛹（悬蛹）

达摩凤蝶蛹（缢蛹）

成虫期

在最初的化蛹阶段，幼虫用近乎“自残”的方式将自身溶解成糊状的“营养液”，只剩下一些被称为“成虫盘”的细胞组织被保留下来，这些“成虫盘”是成虫干细胞形成的盘状结构，在幼虫孵化时就被拆开分散在幼虫体内。蛹形成后，各个部位的成虫盘会吸收幼虫溶解成的“营养液”，最终逐渐发育组装成一只完整的蝴蝶。待到发育完全，蝶蛹便会羽化出一只美丽的蝴蝶，这个过程也许是几天，也许是一年，甚至会更久。

刚刚羽化的文蛱蝶

刚刚羽化的
红裙边翠蛱蝶

蝴蝶四态中的自我保护机制

不是每一个蝴蝶卵最终都会羽化成蝶，在残酷的自然界中，蝴蝶的每一个生命阶段都会承受巨大的挑战。所以亿万年来，它们也演化出了不同的自我保护能力。

卵

一些弄蝶雌蝶在产卵的同时，会用腹部末端的细毛或后翅缘毛将卵掩盖起来，使外界从外形上看不出卵的形态，从而躲避天敌的发现。

幼虫

有些蝴蝶的幼虫会拟态成鸟粪，从而逃避天敌的捕食；有些幼虫还会释放信息素，招来蚂蚁充当其守卫。

被雌蝶细毛掩藏起来的锦瑟弄蝶卵

末龄以前的玉带凤蝶幼虫会拟态成鸟粪

尖翅银灰蝶幼虫利用尾部的喜蚁器吸引蚂蚁来充当卫士

拟态成一片树叶的黑脉蛱蝶蛹

蛹

形态各异的蝶蛹则会拟态成树叶、枯树枝、枯叶，甚至会发出不同的声音来恐吓来犯者。

拟成枯树枝的小黑斑凤蝶蛹

拟态成一片枯叶模样的波蛱蝶蛹

栅黄灰蝶蛹会发出『咯咯』的声音来驱赶天敌

成虫

蝴蝶的成虫形态各异，色彩斑斓。有的蝴蝶成虫会拟态成自然界中的枯叶，躲避天敌；有的翅膀上会长有大大的眼斑，恐吓敌人；有的尾部会长出眼斑，让天敌分不清哪是真正的头部，从而躲避致命攻击。

美眼蛱蝶翅膀上长有大大的眼斑，足以让猝不及防的天敌吓一跳

头部是每一个生命最重要的地方，双尾灰蝶的后翅末端有两只眼斑和两对长长的尾突，模拟出另外一个『头部』，足以扰乱天敌对它的攻击方向

枯叶蛱蝶是一位拟态高手，几乎每一只枯叶蛱蝶的腹面纹理都不一样，由主脉、侧脉、水波纹、霉斑构成的花纹，有些只占了一两种，有些则把这些纹理都集于一身，真正做到了世界上没有两片相同的『树叶』，落在枯叶中，安能辨我是真假？

2

第二章

黑脉蛱蝶完全生活史

无论是飞越千山万水的黑脉金斑蝶，还是隐匿于亚洲山林间的黑脉蛱蝶，都以各自的方式，在地球的生态舞台上绽放光彩。它们的存在，让我们的世界变得更加丰富多彩。

了解了蝴蝶的基本生活史，下面以黑脉蛱蝶为例，为大家讲解蝴蝶的完全生活史，带大家细致地感知一枚卵变成美丽蝴蝶的全过程。

黑脉蛱蝶是一种在我国分布较广、较常见的蝴蝶。幼虫以朴树的叶子为食。雌蝶喜欢选择一些比较低矮的朴树，并把卵产在叶面、叶背或树干上。卵刚产出来的时候是青绿色的。到了第二天，卵上会出现一些棕色和橙色的受精斑，并且部分区域颜色会开始变淡，整个卵看上去就像一个装着细碎秋色的玉壶。不过这个变化过程的时间很短，大概几个小时后，整个蝶卵的颜色就会变得很淡，受精斑也会变淡。

三到四天后，卵中就会孵化出一条很小的毛毛虫，甚至需要用放大镜才能发现它的踪迹。刚孵化的一龄幼虫头壳是圆形的，体色是浅土黄色的。通常幼虫会先找一片叶子作为取食对象，取食结束后，再找另一片完整的叶子作为休息的地方，进食后的幼虫会慢慢变成绿色。

一龄幼虫在经过一次蜕皮换龄后，变为二龄幼虫。二龄幼虫的头上会长出一对“Y”形的棕色或黑色犄角，看上去就像一只小猫梳了两条羊角辫一般，非常可爱。因而黑脉蛱蝶的幼虫也被昵称为“小麦”。

二龄幼虫的头壳明显膨大后蜕皮变为三龄幼虫，三龄幼虫的头壳明显变大，犄角也明显变长，犄角和头壳的颜色仍为较深的褐色或黑色。

三龄幼虫蜕皮后，变为四龄幼虫，四龄幼虫的犄角和头壳开始变绿，身体也开始变得肥硕。

初产的黑脉蛱蝶卵

发育后出现受精斑的黑脉蛱蝶卵

二龄幼虫

三龄幼虫

四龄幼虫

黑脉蛱蝶是以幼虫形态越冬，10月下旬，四龄幼虫会进入冬眠状态，它们要在没有食物的情况下度过漫长的冬天。为了在冬眠期间躲避天敌，它们会把自己的体色拟态成枯叶和枯枝的颜色，躲在树根附近的枯叶下面，或躲在两根树枝的枝丫处。

待到来年春天（4月），朴树开始抽新芽、长嫩叶时，四龄幼虫就会苏醒，开始取食嫩叶，它们的身体颜色也会逐渐变得鲜艳起来。之后蜕皮变为五龄幼虫（末龄幼虫）。

进入了末龄期，幼虫的身体会慢慢变得透明起来。终于在某一时刻，它在靠近某片叶子的细枝上开始第三段旅程——化蛹。

在两根树枝的枝丫处越冬的黑脉蛱蝶幼虫，远看很难发现

越冬的黑脉蛱蝶幼虫，拟态成了枯枝

刚蜕皮换龄完成的五龄幼虫，体色鲜艳

五龄幼虫的头壳为绿色，有时夹杂有蓝色或粉色的花纹

五龄幼虫在预蛹前身体变得透明起来

拟态成树叶的黑脉蛱蝶蛹

一周之后，蝶蛹的颜色开始变得越来越深，终于在某个时刻，一只美丽的黑脉蛱蝶从蛹中破壳而出，完成了它一生之中最为华丽的蜕变。

黑脉蛱蝶一年多代，每年春天第一代羽化的黑脉蛱蝶，有可能会羽化出淡色型（春季型）成虫，翅膀上的黑色条纹比较细，红斑不明显，整体外观比较素雅。淡色型的产生原因目前尚不明确，可能与气温变化有关。

夏秋季节羽化的黑脉蛱蝶成虫，翅膀上的黑色条纹又粗又黑，红斑也非常明显，整体颜色浓重，与春季的淡色型成虫外形差异较大。

春季淡色型黑脉蛱蝶成虫

刚刚羽化的深色型黑脉蛱蝶

黑脉蛱蝶成虫喜欢吸吮树木分泌的汁液

3

走近
超微距摄影

超微距摄影不仅仅是技术的施展，更是艺术的表达。它让我们重新审视身边的世界，发现那些被匆匆脚步错过的美。

通过镜头，我们看到微观世界的秩序与奇妙，感受到大自然在细微之处展现的鬼斧神工。

每一张超微距摄影作品，都是对微观之美的深情礼赞，邀请观众一同沉浸在这微观世界的无限魅力之中，领略那些被忽视却又无与伦比的美。

蝴蝶卵的大小几乎都在2mm以内，想要拍摄出这么微小的蝶卵的精致细节，普通的微距镜头已经无法满足拍摄需求，我们需要用到一种新的设备和拍摄方法，也就是超微距摄影。

超微距摄影和我们所熟知的微距摄影技术有所不同，它需要用到显微镜物镜，并通过一个管镜组的设备与单反相机接驳，这样我们就可以通过显微镜物镜拍摄到极小的物体。但由于显微镜物镜的景深只有几微米，对于一个大小在1mm左右的蝴蝶卵来说，无法在一张照片上将卵的整体面貌全部拍摄清楚。所以我们还需要使用堆栈拍摄的方法，如同CT扫描一样，将蝴蝶卵每个清晰的景深层都拍摄一遍。然后将这些照片通过专用的景深合成软件进行堆栈合成，这样就能得到一幅全景深的蝴蝶卵照片。

当然，每一个蝴蝶卵的拍摄并非那么简单，越是高倍的物镜，景深越浅，需要堆栈拍摄的照片数量也就越多。如果一个卵的大小在1mm左右，物镜的景深是2 μm，那么就需要使用电动导轨不断改变景深的位置，拍摄至少500张照片，才能合成一张完全清晰的蝴蝶卵照片。由于超微摄影的视角很小，每一次拍摄都不容有震动产生，不然照片会模糊或位移。所以电动导轨每前进一步，就需要花一两秒让整个设备稳定下来后再拍摄。在通常情况下，拍摄一张照片需要4秒钟左右，如果一个卵需要上千张照片，那么拍摄时间就需要一个小时左右，而完整的拍摄过程往往会更长。这期间又会出现新的问题，比如蝴蝶卵所在的叶片因为水分蒸发干枯而产生形变，即便肉眼难以察觉，但在显微镜下都会被放大，使得照片在合成时变得困难，而本来好看的绿叶随着失水枯萎，变得难看和暗淡，也会影响成片效果。所以拍摄蝴蝶卵有时候就是在抢时间，能在第一组拍摄成功那是最好不过。

同样的道理，除了电动导轨步进产生的震动外，在拍摄过程中，人在设备附近走动、开启的空调产生的震动，都有可能影响到照片拍摄的成功与否，这些在日常拍摄中都需要注意尽量避免。

最后就是照片的合成与后期，在每次处理拍摄完的一组照片时，都是对电脑和耐心的考验，通常在合成之前需要预处理数据，上千张的照片最后会变成200G左右的数据量。最早我用PS软件来合成，电脑几乎无法拖动，后来用了专用堆栈软件才提高了合成效率。所以从开始拍摄，到得到一张书中所示的蝴蝶卵的照片，平均需要6~8个小时，因为超微距摄影还需要用大量的时间去做后期。书中的105种蝴蝶卵的寻找、拍摄，耗费的时间和精力是巨大的，但如果能让更多的人了解蝴蝶卵，感受到蝶卵的美，我将不胜荣幸！

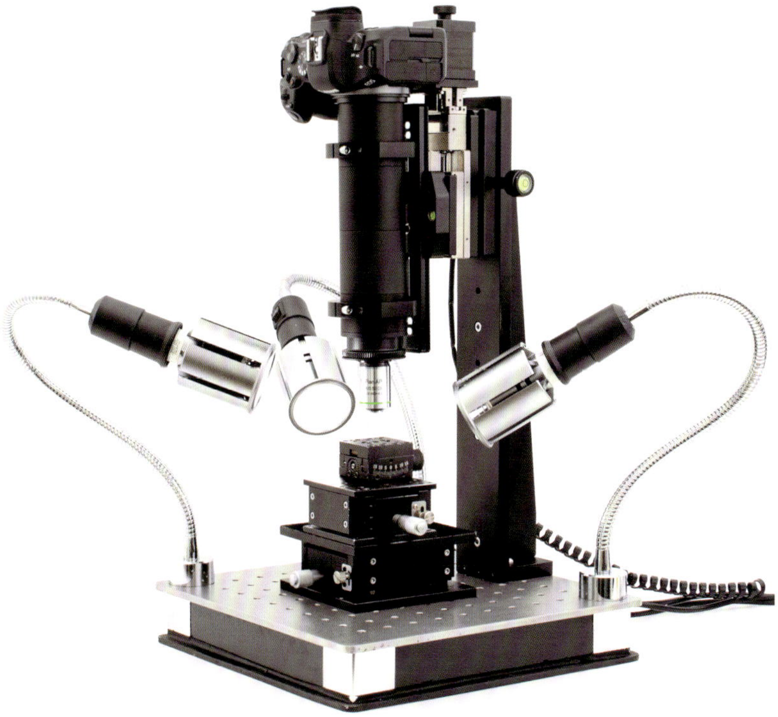

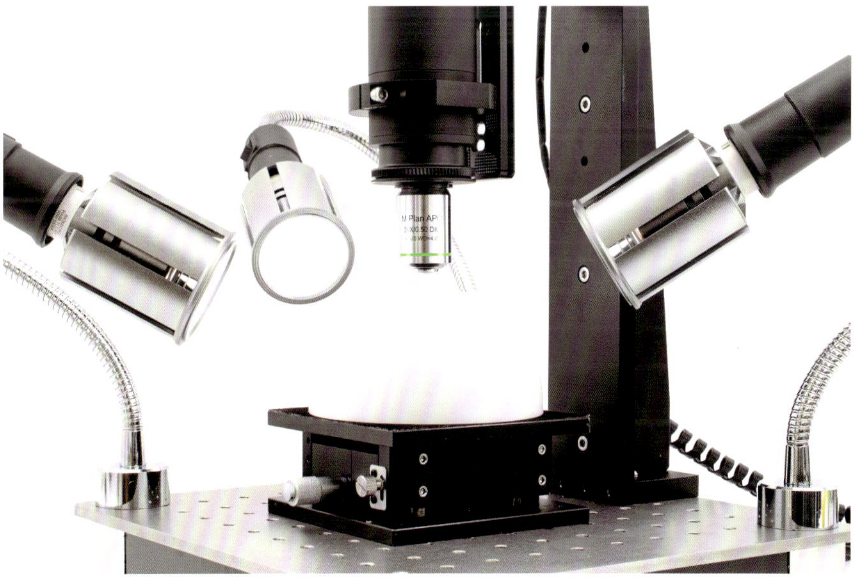

4

第四章

蝴蝶卵图鉴

蝴蝶卵作为蝴蝶生命旅程的起点，其形态、颜色、大小、表面纹理及产卵位置都独具特点。

蝴蝶卵的形状丰富，颜色多样，在合适的温湿度条件下，静候幼虫破壳，开启新征程 。

蝴蝶卵的结构

不同的蝴蝶卵有着形态迥异的结构，纵观本书，你甚至可以感受到它们各自科属的“家族性”脸谱形象。但不同的结构都有其特殊的形成原因和目的，就如同这世界上没有任何事物是无缘无故产生的一样，尽管我们对其还没有完全了解，但开始之前我们可以先知晓一些它们基本的结构。

刚产下的蝴蝶卵，实际上是一个大型的细胞，上面的每一个结构都有它自己独特的用处，最外面一层是保护卵细胞的卵壳，下面有一层极薄的疏水性蜡层，这样可以防止卵内水分的蒸发，也可以防止水溶性物质的侵入，所以蝴蝶卵即使在水中浸泡数小时后依旧可以存活。在卵的中央通常有一个花瓣状的精孔，受精时精子经此进入卵内，随后精孔就会闭合起来，在灰蝶卵上可以更明显地看到这种结构的形态。在卵壳上分布着细致而精密的小孔，它们可以与外界进行气体交换，又能防止卵内的水分过度蒸发。

蝴蝶卵中包含着原生质和大量的卵黄，在产下到孵化的几天内，它的表面看似平静，内部却在翻天覆地地变化着，经历多次的细胞有丝分裂、组织分化和器官系统形成后，发育完全的幼虫就会破壳而出，进入生命的第二个阶段，在这个过程中，许多蝴蝶卵的外表会出现美丽的斑纹，这些斑纹被称为受精斑。

双带弄蝶卵
Lobocla bifasciata

本书配文说明

中文名称　　拉丁学名　　蝶卵尺寸　　蝶卵配图

科　　亚科

密纹矍眼蝶卵　*Ypthima multistriata*
Nymphalidae、Satyrinae

如果阿矍眼蝶卵是海蓝宝石，那么密纹矍眼蝶卵就像一个翡翠玉雕。其卵的大小约0.93mm × 0.94mm，通体翠绿，呈球状，整齐的多边形组成的网格布满卵的表面，若是细看每个多边形的边，会发现上面都排列着浅而细的虚点。每个网格内也并非光滑的，而是均匀分布着细小的坑点。幼虫主要以求米草、两耳草等多种禾本科植物的叶子为食。密纹矍眼蝶在我国分布较广，辽宁、北京、河北、江苏、上海、浙江、福建、江西、贵州、四川等地均有分布。

蝶卵尺寸　0.93mm × 0.94mm

168　蝴蝶卵的隐秘之美

蝶卵的相关简介与说明　　成虫配图

弄蝶科
HESPERIIDAE

姜弄蝶卵

Udaspes folus

Hesperiidae，Hesperiinae

姜弄蝶又名大白纹弄蝶，它的卵就像一座红色的火山，也像一个精致的小甜点。大小约1.52mm × 1.03mm，整体呈红色和白色相间的色彩，有多边形的网状纹理，每一个多边形交会处都由一个极小的点状花纹连接。白色部分呈羽云状分布，如同一个接一个的完美风暴。基底边缘呈透明的宽边褶皱状。姜弄蝶的幼虫喜欢吃姜科多种植物的叶子，例如山姜、月桃（艳山姜）和蘘荷等，而且它们会吐丝将叶子卷起来做成一个小小的巢穴，平时躲在里面休息，觅食时钻出来啃咬叶巢附近的叶子。雌蝶喜欢把它们的卵产在寄主植物的叶子表面。姜弄蝶在我国分布于江苏、浙江、福建、广东、云南、四川、香港、台湾等地，在每年的4~11月间，你便可以看到穿着一身褐色花斑裙子的小弄蝶，身形如电。

蝶卵尺寸　1.52mm × 1.03mm

素弄蝶卵

Suastus gremius

Hesperiidae，Hesperiinae

素弄蝶又名黑星弄蝶，它的卵像“一顶迷你的圆锥形红色帽子”。大小约1.59mm × 1.17mm，整体呈红色，有14~15条白色纵脊均匀分布在整个蝶卵周围，每条纵脊由多个空管体交错形成，卵表面分布着极细的点状凹坑，接近顶部处有部分很明显的横纹分布。素弄蝶的幼虫喜欢吃多种棕榈科植物的叶子，其中包括散尾葵、棕竹、山棕等。雌蝶喜欢把它们的卵产在寄主植物的叶子表面，如果眼神够好，你可以在这些植物上发现它们的踪迹。成蝶正如其名，非常素雅，一身棕色，只在翅膀上点缀几个小黑斑，与它的卵的鲜艳色彩形成鲜明的对比。素弄蝶在我国分布于广东、广西、香港等南方地区。

蝶卵尺寸　1.59mm × 1.17mm

黄斑蕉弄蝶卵

Erionota torus

Hesperiidae，Hesperiinae

黄斑蕉弄蝶又名香蕉弄蝶，它们会把卵产在一些芭蕉科植物的叶子表面，一次可以产下几颗至数十颗卵。刚产下的卵呈淡黄色，两天后卵的顶部和中间的一圈会出现红色的受精斑，随着蝶卵不断发育，整个卵都会变成鲜艳的红色，肉眼所见就像排列在叶子上的小点心。黄斑蕉弄蝶的卵单颗尺寸比较大，大约为2.17mm × 1.85mm，有20条以上的纵脊，表面覆有阶梯状的横纹。黄斑蕉弄蝶的幼虫以寄主植物的叶子为食，成蝶身穿一身黄褐色上衣，外加一双红色的大眼睛，在我国主要分布在浙江、广东、广西、福建、海南等地。

蝶卵尺寸　2.17mm × 1.85mm

①

②

① 发育中的黄斑蕉弄蝶卵。
② 发育末期，卵会完全变为红色。

黄斑弄蝶卵

Ampittia dioscorides
Hesperiidae，Hesperiinae

黄斑弄蝶又名小黄星弄蝶，是一种娇小的蝴蝶。我第一次拍摄到它的成虫是在一个深秋的清晨，小小的一只蝴蝶正停在一片草叶上休息，满身挂满晶莹的露水，惊艳至极。黄斑弄蝶的卵呈半球形，尺寸相较其他弄蝶的卵小一些，大约为0.98mm × 0.80mm。初产的卵呈白色，在随后的两天里，顶部会慢慢出现红色的受精斑。卵的表面有一层薄薄的网状纹理，覆盖整个蝶卵。网状纹理的中间布满了极细小的点状纹理。黄斑弄蝶的幼虫以多种禾本科植物的叶子为食，雌蝶喜欢将卵产在寄主的叶面，并且多数会产在叶子边缘区域。黄斑弄蝶在我国分布于江苏、上海、浙江、福建、广东、广西、海南、云南、香港、台湾等地。

蝶卵尺寸　0.98mm × 0.80mm

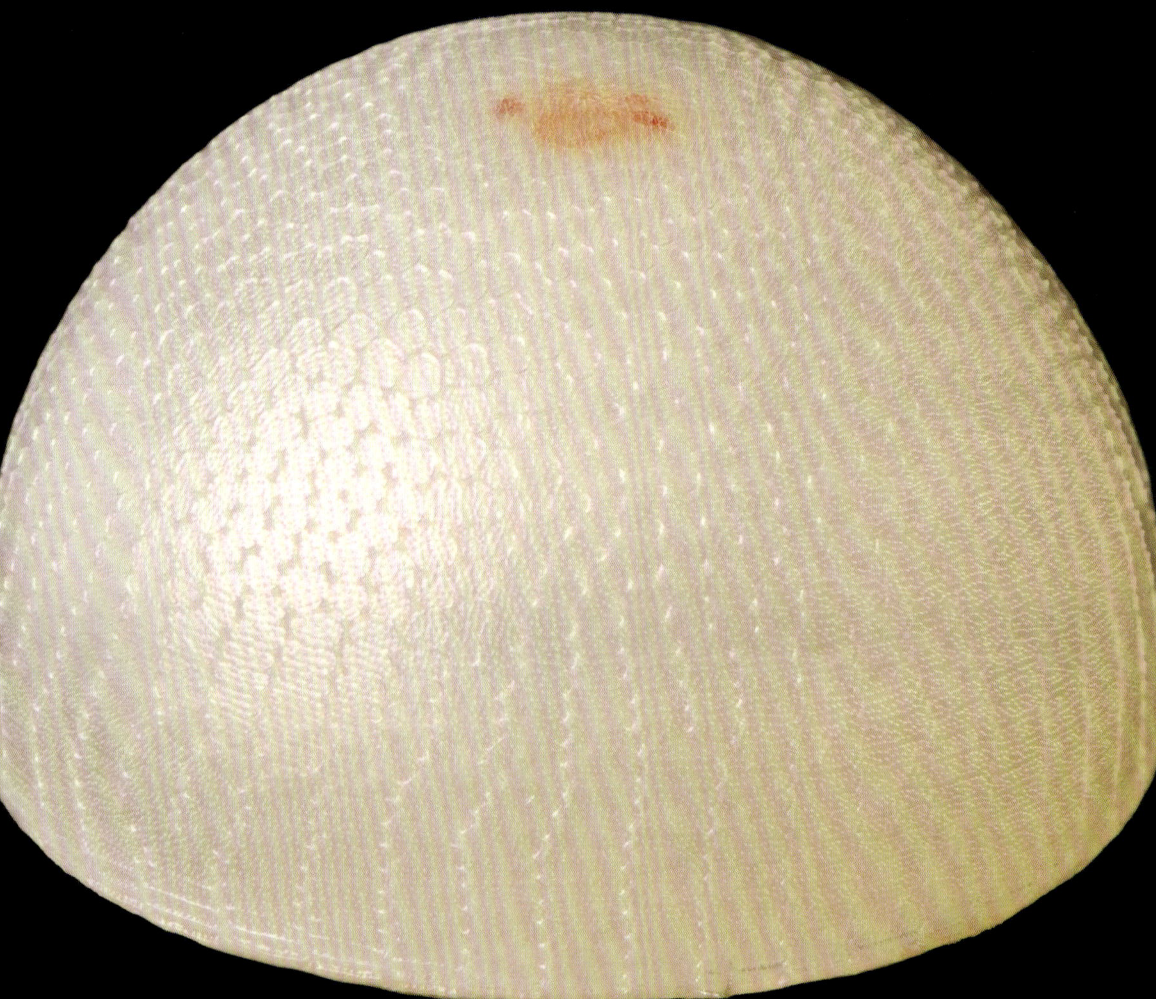

直纹稻弄蝶卵

Parnara guttata
Hesperiidae，Hesperiinae

直纹稻弄蝶是一种极为广布的小型弄蝶，它的幼虫被称为“稻苞虫”，喜欢吃水稻叶子，但实际上很多种禾本科植物的叶子都是它们的食物。雌蝶喜欢把卵产在寄主的叶面上，甚至是茎秆上。直纹稻弄蝶的卵的大小约0.94mm × 0.78mm。刚产下的卵颜色为橙黄色，随着卵的发育，从第二天开始，表面就会出现不规则的红色受精斑花纹。卵的表面纹理不明显，只有一层很浅的多边形网状纹理，内壁则呈现一种纤维束状花纹。直纹稻弄蝶在我国分布于除新疆、宁夏以外的大部分地区。

蝶卵尺寸　0.94mm × 0.78mm

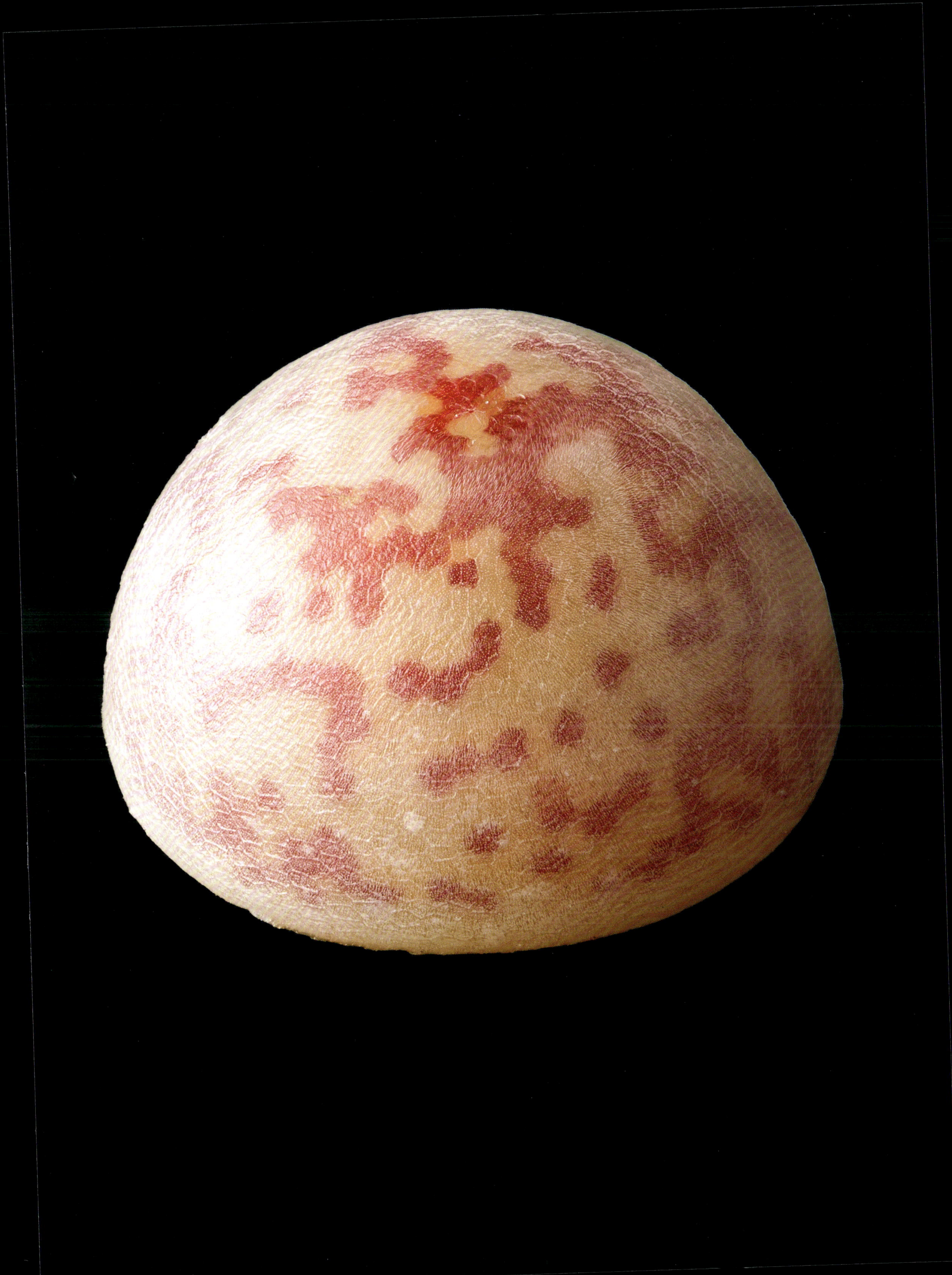

隐纹谷弄蝶卵

Pelopidas mathias

Hesperiidae，Hesperiinae

隐纹谷弄蝶的卵大小约1.21mm × 1.04mm，刚产下的卵呈淡淡的绿色，在随后的一两天内，卵的色泽会慢慢变浅。弄蝶的卵大部分遵循了它们特有的家族性形态，呈半球形或圆锥状，上面的纹理也很相似。尽管如此，我们依旧能从微观角度去识别它们之间微小的区别：隐纹谷弄蝶的卵的纹理接近黄斑弄蝶的卵，但其形态更接近圆锥形。在大量的拍摄过程中，我发现一个有趣的特点，那就是圆锥形弄蝶卵在基底部位，在卵的外缘有一圈近透明的褶皱带，这个结构是为了巩固卵和寄主之间的粘连还是有其他原因，不得而知。隐纹谷弄蝶是一种广布的中大型弄蝶，幼虫通常以多种禾本科植物的叶子为食，例如水稻、芒草、狗尾草等。雌蝶喜欢将卵产在寄主植物的叶面。

隐纹谷弄蝶在我国分布于上海、浙江、福建、北京、山西、辽宁、湖南、广东、广西、四川、贵州、云南、台湾、香港等地。

蝶卵尺寸　1.21mm × 1.04mm

黎氏刺胫弄蝶卵

Baoris leechii

Hesperiidae，Hesperiinae

黎氏刺胫弄蝶的卵看起来像是一个水蜜桃味的果冻。它的大小约1.61mm × 1.12mm，刚产下时为白色，在随后的两天，卵的顶部开始出现醒目的红色受精斑，给人的感受就是它有水蜜桃味了。黎氏刺胫弄蝶的卵虽然颜色跟隐纹谷弄蝶的卵不同，但形状和纹理很相似：一层很薄的多边形网状花纹覆盖了卵的周身；在其余部位则密布了极细的斑点状花纹；在基底部位同样有一圈围绕蝶卵的透明褶皱带。幼虫以禾本科阔叶箬竹及多种刚竹属植物的叶子为食。雌蝶喜欢将卵产于寄主植物的叶面。黎氏刺胫弄蝶在我国分布于浙江、广东、广西等地。

蝶卵尺寸 1.61mm × 1.12mm

黄纹长标弄蝶卵

Telicota ohara

Hesperiidae，Hesperiinae

黄纹长标弄蝶卵和黄斑弄蝶卵的颜色和形状很相似，但在大小、纹理上有差异。黄纹长标弄蝶卵的大小约为1.13mm × 0.85mm，比黄斑弄蝶卵大一些；卵的颜色为乳白色，表面覆盖着一层多边形网状花纹，其余部分则密布着鳞状结构的纹理，这也是和黄斑弄蝶卵有着很大区别的地方。幼虫喜欢以禾本科的棕叶狗尾草的叶子为食，雌蝶会将卵产在寄主植物的叶面。黄纹长标弄蝶在我国分布于福建、广东、湖北、台湾、海南等地。

蝶卵尺寸　1.13mm × 0.85mm

双带弄蝶卵

Lobocla bifasciata
Hesperiidae，Eudaminae

双带弄蝶又叫白纹弄蝶，它的卵给我的第一个感觉就是清新，但它的有趣不止于此：卵刚产下时是清爽的淡青色，随着时间的推移，颜色会逐渐变化，到第二天就变成了“一颗红色的可口小甜点”。卵的大小约为1.48mm × 1.26mm，有14~15条纵脊遍布全身，每一条纵脊都是由许多透明的圆珠排列而成，就像一条条宝石项链，看上去极为精致。卵表面有阶梯状的横纹以及极小的孔状纹理。双带弄蝶卵最有趣的特征是分布在表面的水珠状纹饰，我第一次看到它时也以为是水珠，但实际上它是卵的一种固有纹饰。这种特殊纹饰应该有它功能性的意义，但至今人们对其还不甚了解。双带弄蝶是一种分布较广的小型弄蝶，幼虫喜欢以一些豆科植物，比如胡枝子的叶子为食。双带弄蝶在我国分布于北京、辽宁、陕西、广东、云南、浙江、台湾等地。

蝶卵尺寸　1.48mm × 1.26mm

①

②

① 卵初产时为青绿色。
② 发育过程中，红色受精斑会逐渐蔓延至整个蝴蝶卵。

密纹飒弄蝶卵

Satarupa monbeigi

Hesperiidae，Pyrginae

在自然界中，模仿是一件司空见惯的事情，无论是有意还是纯粹的巧合。但当我看到如此小尺度上的两颗密纹飒弄蝶卵时，还是会惊讶地赞叹，它们太像南瓜了，还是巧克力味的。密纹飒弄蝶卵的直径约1.10mm，表面分布着15~17条纵脊，并且每条纵脊会在到达顶部时收缩为点状。纵脊之间覆有阶梯形横纹，并带有胶状附着物，这是一种跟双带弄蝶的水珠状纹饰类似的纹饰。幼虫喜欢吃芸香科的岭南花椒的叶子，雌蝶一般会把卵产在寄主靠近叶尖的部位。密纹飒弄蝶在我国主要分布在江苏、浙江、四川、广西等地。

蝶卵尺寸　∅ 1.10mm

半黄绿弄蝶卵

Choaspes hemixanthus
Hesperiidae，Coeliadinae

“这是一个好吃的雪媚娘吗？”这是小女儿看到我拍摄的半黄绿弄蝶卵时问我的问题。不同的人看到相同的事物往往有着不同的答案，但我想了想回答她说：“是的，但它还不够塞牙缝！”半黄绿弄蝶卵的大小只有1.20mm × 0.92mm左右，颜色为白色或乳白色。卵上面覆有20多条纵脊，横纹是由成对的鳞片状纹理组成，但立体感不强。在接近卵顶部的位置，纵脊和横纹结合，变为整体的网状结构。半黄绿弄蝶在弄蝶科中属于颜值比较高的蝶种，一身青绿，根据光线角度的不同会呈现出不同的色泽。幼虫以清风藤的叶子为食，它们会吐丝将叶子卷起来做成一个形似饺子的巢穴，叶巢上方是幼虫出入口，以便它们“出门”觅食，下端则是排便口。它们还会在叶巢顶部咬出几个圆形的“窗孔”。雌蝶会把卵产在寄主的叶子上，甚至枝干上。半黄绿弄蝶在我国分布于云南、四川、江西、广西、广东、浙江、海南、香港等地。

蝶卵尺寸 1.20mm × 0.92mm

黑斑伞弄蝶卵

Bibasis oedipodea

Hesperiidae，Coeliadinae

黑斑伞弄蝶的卵乍一看有点像半黄绿弄蝶的卵，这也许是因为它们属于同一个亚科，有着相似的家族性“脸谱”。但仔细观察就会发现，它们有着很大的差别。黑斑伞弄蝶的卵刚产下时是与半黄绿弄蝶卵相似的白色或乳白色，但在随后两天，卵的上半部分会出现一条受精斑带，就像围着一条红色的围巾。卵的外形略显憨态，大小约1.52mm × 1.24mm，像一个小小的帐篷，上面覆有20条左右的纵脊，如果看得足够仔细，你会发现它的每一条纵脊都是由很小的透明圆珠构成的，但它的横纹不是很明显。除此以外，卵的表面密布着极细小的圆坑。幼虫以风筝果的叶子为食，雌蝶喜欢把卵产在寄主植物的叶面。黑斑伞弄蝶在我国分布于广东、广西、海南、云南、香港等地。

蝶卵尺寸　1.52mm × 1.24mm

凤蝶科
PAPILIONIDAE

木兰青凤蝶卵

Graphium doson

Papilionidae，Papilioninae

木兰青凤蝶的卵形状圆润，颜色呈晶莹剔透的绿色，看起来像是一颗水晶葡萄，直径约1.17mm，表面凹刻着多边形网状纹路。在肉眼看来，整个卵很光滑，但在显微镜下可以发现，卵的表面实际上布满了很细的颗粒，看上去有一种皮革的感觉。幼虫喜欢吃木兰科含笑属的白兰的嫩叶。雌蝶也喜欢把卵产在寄主植物的嫩叶上。木兰青凤蝶属于中型凤蝶，黑色的翅膀上长着美丽的青色斑纹，在我国分布于浙江、云南、贵州、广东、广西等南方地区。

蝶卵尺寸　⌀1.17mm

灰绒麝凤蝶卵

Byasa mencius

Papilionidae，Papilioninae

灰绒麝凤蝶的卵在凤蝶中属于比较特别的一类，大小约1.40mm × 1.44mm，表面附着着半透明的果冻状颗粒，顶上还有一个红色的小耳朵。很多味道也许不需要用味觉来判断，眼睛也可以“尝”出它们的味道，就如这让人心悦的红橙渐变色，感觉就像一颗包裹着火焰的“甜美”果实。幼虫以马兜铃科多种马兜铃属植物的叶子为食。雌蝶喜欢把卵产在寄主相对较矮的叶子背面，也有少数会产在叶子正面和叶柄上。灰绒麝凤蝶属于中大型凤蝶，在我国的分布较广，浙江、江苏、陕西、山西、福建以及四川等地都能看到它们的身影。

蝶卵尺寸　1.40mm × 1.44mm

绿带燕凤蝶卵

Lamproptera meges
Papilionidae，Papilioninae

绿带燕凤蝶体型娇小，拥有一双透明的翅膀，还拖着两条长长的尾突。它们是贪婪的吸水者，多生活在离水很近的地方。当它们准备在树枝上休息时，就像一只断了线的风筝落入林间。绿带燕凤蝶的卵也很特别，是我拍到的第一种半透明的凤蝶卵。卵的直径约0.98mm，刚产下时呈白色或淡黄色。经过一两天的发育后，卵的上半部分会出现橙色和黄色的多边形受精斑。卵的表面凹刻有多边形网格状纹路，它们并非完全光滑的，上面布满了细小的颗粒，看上去皮革感十足。幼虫以多种青藤属植物的叶子为食，雌蝶会将卵产在寄主植物的叶面上。绿带燕凤蝶在我国分布于云南、贵州、广西和海南等地。

蝶卵尺寸 ∅0.98mm

绿凤蝶卵

Pathysa antiphates
Papilionidae，Papilioninae

蝶卵尺寸　∅1.22mm

绿凤蝶的卵看起来像一轮淡青色的圆月，直径约1.22mm。绿凤蝶卵的外形与木兰青凤蝶卵非常像，除了颜色不同之外，几乎没有其他特别之处。我们似乎找到了一种规律，那就是接近正球体的凤蝶卵都具有六边形和五边形的纹路结构。这也许并不是偶然，对于一个内部没有任何支撑的球体来说，这样的结构无疑具有更好的稳定性和坚固性。这或许就是大自然亿万年演化的智慧所在。除此之外，绿凤蝶卵在发育过程中，在一侧的上下会各出现一个红色点状受精斑。幼虫以番荔枝科的瓜馥木、假鹰爪等植物的嫩叶为食。雌蝶会把卵产在寄主植物的嫩叶上。绿凤蝶在我国分布于长江以南各地区。

红珠凤蝶卵

Pachliopta aristolochiae

Papilionidae，Papilioninae

蝶卵尺寸 1.58mm × 1.38mm

红珠凤蝶的卵从形态来看很像灰绒麝凤蝶的卵，由于寄主植物重叠，肉眼很难把它们区分开来，但通过长期观察，我们还是能发现它们微小的区别：红珠凤蝶卵看上去要比灰绒麝凤蝶卵颜色略浅一些，一些卵甚至偏黄色；顶上的小耳朵也不明显，甚至没有；整体看上去也没有灰绒麝凤蝶卵那么“苗条”。如果要找到一种区分它们的更稳定的特征，则还需要更大量的观察。红珠凤蝶卵大小约1.58mm × 1.38mm，幼虫以马兜铃科多种马兜铃属植物的叶子为食，雌蝶会在寄主植物较低矮的叶子上产卵。红珠凤蝶在我国分布于长江以南地区。

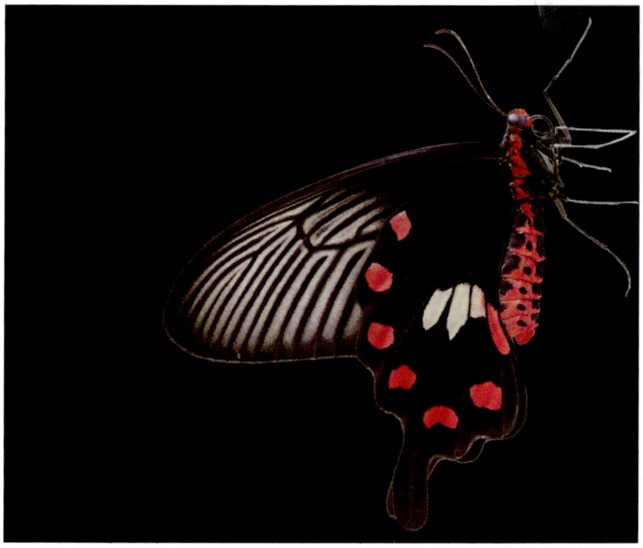

青凤蝶卵

Graphium sarpedon
Papilionidae，Papilioninae

蝶卵尺寸　∅ 1.29mm

青凤蝶是一种常见而美丽的蝴蝶。它的卵的形态具有典型的青凤蝶属蝶卵的特征，表面凹刻的多边形网纹浅而不显，有极细的颗粒分布。初产时呈白色或乳白色，直径约1.29mm，如果不是因为寄主植物不同，有时候从形态上很难区分它和木兰青凤蝶卵。青凤蝶卵有一个特点，就是在发育过程中，会产生多排队列状的橙色受精斑，从一侧自上而下贯穿整个蝴蝶卵。幼虫以樟科的樟、润楠等植物的嫩叶为食。青凤蝶在我国分布于秦岭以南地区。

达摩凤蝶卵

Papilio demoleus

Papilionidae，Papilioninae

凤蝶属也有一些“叛逆者”，它们的卵不像大多数同属蝴蝶的卵一样圆润而纹理不显，而是在表面附着了许多透明的胶体状纹饰，形态上很像麝凤蝶属蝴蝶的卵，达摩凤蝶就是其中之一。达摩凤蝶卵在发育过程中，顶部和腰线部位会出现红色的受精斑，从卵的外观上我们无法看出其有多边形的纹理，但是从卵内壁的受精斑可以看出，它的卵壳依旧有着多边形的构造。达摩凤蝶卵直径约1.35mm，幼虫以芸香科的柑橘、柠檬、柚等植物的叶子为食，雌蝶喜欢将卵产在寄主的叶子表面。达摩凤蝶在我国分布于西南、华南至台湾等地。

蝶卵尺寸　∅1.35mm

金凤蝶卵

Papilio machaon

Papilionidae，Papilioninae

金凤蝶属于凤蝶属，是在我的记忆里第一次留下深刻印象的一种蝴蝶。它们的成虫颜色艳丽而华贵，有“昆虫美术家”的雅号。与成虫华丽的外观相比，它们的卵称得上“朴实无华”。金凤蝶卵直径约1.24mm，初产时为淡黄色，表面除了点缀有一些毫无规律的划痕和颗粒以外，找不到其他的纹饰。要不是在发育过程中出现的那一圈红色受精斑为其增添了一点色彩，整个卵会显得极为平淡，平淡到让你怀疑，它居然能孕育出如此美丽的成虫。金凤蝶的幼虫喜欢吃伞形科的胡萝卜、茴香，以及一些柴胡属植物等的叶和嫩枝。雌蝶会将卵产在寄主植物的叶面甚至枝条上。金凤蝶分布非常广泛，在我国大部分地区都能发现它们的踪迹。

蝶卵尺寸　⌀1.24mm

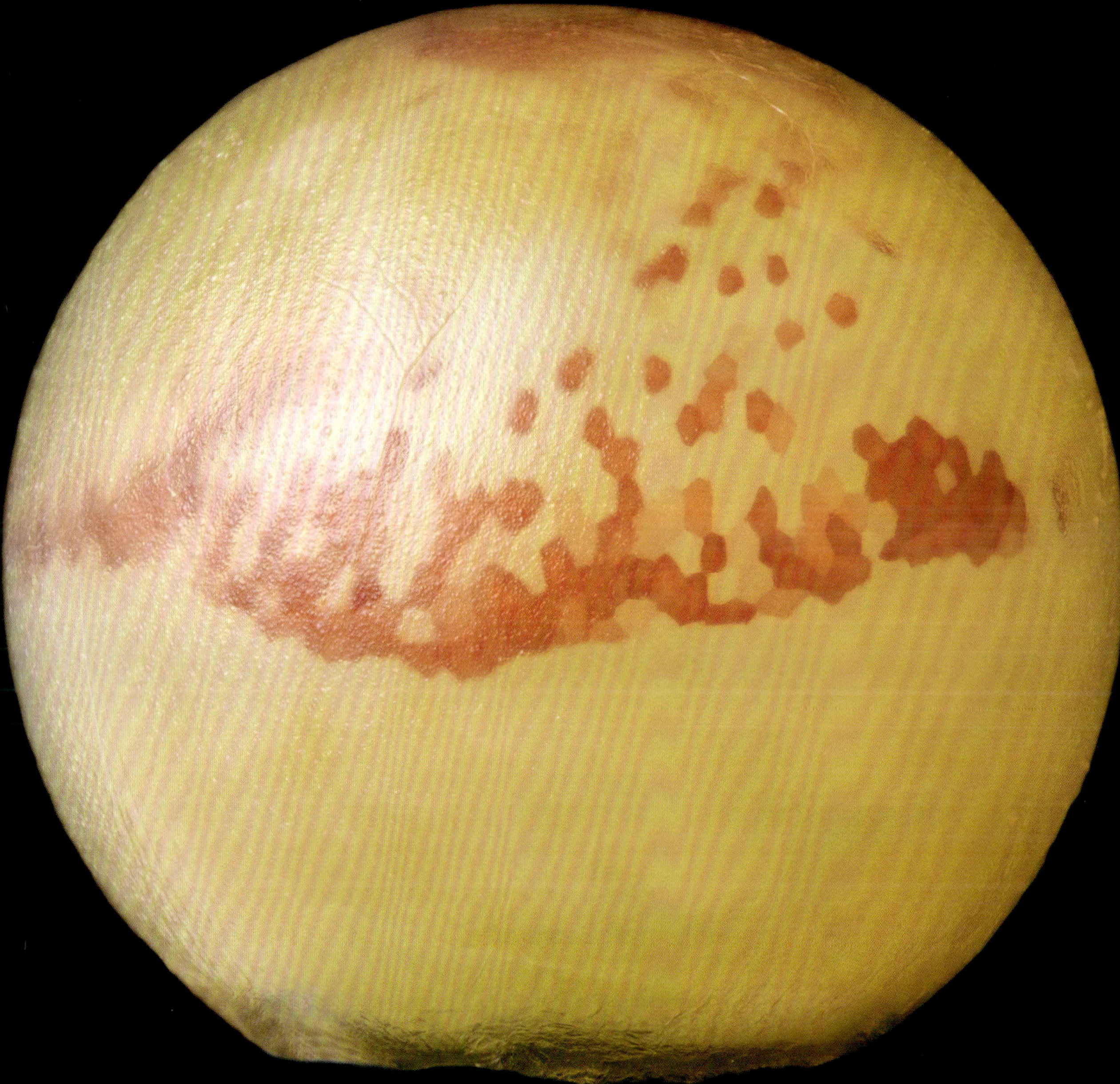

柑橘凤蝶卵

Papilio xuthus

Papilionidae，Papilioninae

柑橘凤蝶又叫花椒凤蝶，它的卵和金凤蝶卵很相似，纹饰都极少，但柑橘凤蝶卵隆起的颗粒会更大、更明显。柑橘凤蝶卵的直径约1.24mm，初产时呈淡黄色或橙黄色，随着卵的发育，上半部分会出现连成片的红褐色受精斑。如果仔细观察会发现，每一个受精斑的形状都是六边形或五边形。柑橘凤蝶卵的基底较大，这有助于提高卵在寄主植物上的附着稳固性。幼虫喜欢以芸香科柑橘属、花椒属、吴茱萸属等多种植物的叶子为食，受惊时会伸出两条橘黄色分叉的“臭角腺”分泌刺鼻的气味，来迷惑或惊退敌人。实际上许多凤蝶幼虫都会有这样的行为，譬如玉带凤蝶的幼虫，区别只是它的腺体颜色是红色的。柑橘凤蝶的雌蝶一般会将卵产在寄主植物的叶面上。柑橘凤蝶分布广泛，在我国除青藏高原以外，其他地区都有分布。

蝶卵尺寸　∅1.24mm

蓝凤蝶卵

Papilio protenor

Papilionidae，Papilioninae

“一个美味的油炸麻团”，这是蓝凤蝶卵给我的第一印象。拍了许多种凤蝶卵后，我们可以发现凤蝶卵表面似乎隐藏着某种规律。此前我们观察到，几乎所有的凤蝶卵表面都有一种细小的颗粒存在，但有些卵的颗粒似乎更为发达，譬如柑橘凤蝶、达摩凤蝶的卵。这让人在看到蓝凤蝶卵表面隆起的胶状纹饰时，不禁联想到这些纹饰就是这种细小颗粒更为发达的一种表现。这也许是适应性进化的某种表现，当然这仅仅是一种猜测。但在残酷的自然界中生存，每一种形态和纹饰都有着它们深远的意义。蓝凤蝶卵直径约1.77mm，幼虫以芸香科的飞龙掌血、两面针，以及一些花椒属植物等的叶子为食，雌蝶会将卵产在寄主植物的叶面上。蓝凤蝶在我国分布于秦岭以南地区。

蝶卵尺寸 ∅1.77mm

宽尾凤蝶卵

Papilio elwesi

Papilionidae，Papilioninae

蝶卵尺寸　⌀1.85mm

宽尾凤蝶卵是我到本书截稿为止拍摄到的最大的一种凤蝶卵，直径达到了1.85mm，多边形的网状纹理覆盖了整个蝶卵的表面。而在多边形的每个顶角处，都会有一个细小的凹坑纹饰。整个卵的表面质感像是一种光洁的人造皮革。卵初产时为绿色，在发育过程中，部分区域的颜色会变浅。宽尾凤蝶幼虫以樟科檫木、木兰科鹅掌楸（马褂木）、厚朴等植物的叶子为食。雌蝶会将卵产在寄主植物的叶面上。宽尾凤蝶是我国特有的一种蝴蝶，分布于浙江、福建、江西、广东、广西等地。

中华虎凤蝶卵

Luehdorfia chinensis

Papilionidae，Parnassiinae

中华虎凤蝶是中国特有的一种小型凤蝶 。它们的卵也很有特色，在每年的三月中旬到四月初，雌蝶会一次产下许多卵，且这些卵整齐地排列在寄主植物的叶子背面。卵的直径约0.94mm，初产时为绿色，但在特定光线下，会反射出淡青色的珍珠光泽。从肉眼来看，卵的表面似乎非常光滑，但实际上它们的表面由较为粗糙、相邻的不同颜色的斑块组成，淡青色的珍珠光泽就是由这些特定斑块反射光线形成的。中华虎凤蝶的幼虫主要以马兜铃科杜衡的叶子为食。中华虎凤蝶分布于江苏、浙江、湖北、河南、陕西等地。

蝶卵尺寸 ∅0.94mm

丝带凤蝶卵

Sericinus montelus

Papilionidae，Parnassiinae

丝带凤蝶是一对很有仙气的蝴蝶。要说为何是“一对”，是因为雄蝶和雌蝶有着截然不同的色系。雄蝶一身白色，点缀少量红色和黑色；雌蝶恰恰相反，全身以黑色为主，辅以少量淡黄色和红色。在成双飞舞时，不禁让人联想起“梁山伯与祝英台”的故事。与成虫相比，它们的卵则表现得平凡许多，类圆锥的形态，表面布有不规则斑块，不过这些斑块不能像中华虎凤蝶卵那样反射出特别的珍珠光泽。在卵的发育过程中，顶部和腰部会出现棕褐色的受精斑。卵的大小约0.89mm × 0.77mm。幼虫以马兜铃科马兜铃属植物的叶子为食。雌蝶一般会把卵群产于寄主植物的嫩叶背面。丝带凤蝶在我国分布于北京、辽宁、河北、甘肃、宁夏、陕西、河南、湖北、湖南等地。

蝶卵尺寸　0.89mm × 0.77mm

冰清绢蝶卵

Parnassius glacialis

Papilionidae，Parnassiinae

绢蝶属蝴蝶是一类典型的高山型蝶类，而冰清绢蝶是起源于青藏高原并扩散至我国江南平原地区的唯一一种绢蝶。它们在一年内只发生一个世代，雌蝶每年春末会把卵产在栖息地地面的枯叶、枯枝或碎石之上，这些卵要经历漫长的200多天和寒冷的冬季，等到来年春天寄主植物开始发嫩芽时，它们也会随之孵化。冰清绢蝶卵直径约1.72mm，初产时为米白色，形似一个扁圆的面包，表面深而多变的凹孔遍及周身。从精孔向四周辐射的纹路，就像一朵美丽的花朵，覆盖了蝶卵的顶部。它们的幼虫通常以罂粟科紫堇属的小药八旦子和延胡索的叶子为食。冰清绢蝶在我国分布于江苏、浙江、辽宁、山东、贵州等地。

蝶卵尺寸　⌀1.72mm

①

②

① 俯视图。
② 侧视图。

粉蝶科
PIERIDAE

橙粉蝶卵

Ixias pyrene

Pieridae，Pierinae

在我国的南方地区，有一种带刺的植物同时是好几种粉蝶的寄主，那就是广州山柑。橙粉蝶就是这些粉蝶之一，且它的卵是这几种粉蝶中最为特别的。刚产下的时候，卵的颜色是米白色，略呈半透明状，随着时间的推移，发育中的卵会出现许多不规则的红色受精斑。这些受精斑最终会布满卵的周身，让它看起来像一个美丽的花瓶。这个“小花瓶”的大小约1.66mm × 0.70mm，上面布有十多条纵脊以及多条整齐的横纹，顶部像一朵待放的花朵。表面的其余部位则刻满了鳞状斑纹。幼虫以寄主植物的叶子为食，雌蝶喜欢将卵产在寄主的叶子背面或茎干的刺上。橙粉蝶在我国主要分布于南方的广东、广西、云南、海南、香港等地。

蝶卵尺寸　1.66mm × 0.70mm

黑脉园粉蝶卵

Cepora nerissa

Pieridae，Pierinae

要拍摄到一个完美的蝴蝶卵，其实很多时候需要一些运气。许多蝶卵要么形态不周正，要么发育进入了末期，已经不再具有本身的典型特征，甚至还会遇到一些已经坏了的蝶卵。在拍到这颗黑脉园粉蝶的卵之前，我其实已经拍摄了数个卵，但都不甚满意。不过只要“坚持”，总能在你想放弃之前，遇到一丝“光明”的运气。黑脉园粉蝶卵的大小约1.15mm × 0.59mm，初产时为很淡的绿色，略呈半透明状。之后随着发育，整个卵会变成大红色。卵的表面有十多条纵脊，这些纵脊每隔一到两条就会从基底直接延伸至顶部形成冠状突起。卵的表面还有排列整齐的横纹围绕周身，其余部分“刻画”有极细的褶皱线条，并且表层富有光泽。幼虫以山柑科植物广州山柑的叶子为食，雌蝶会将卵产在寄主植物的叶背或茎干的刺上。黑脉园粉蝶在我国分布于华南、东南与西南各地。

蝶卵尺寸　1.15mm × 0.59mm

青园粉蝶卵

Cepora nadina

Pieridae，Pierinae

青园粉蝶也是一种以广州山柑为寄主的粉蝶。初产的青园粉蝶卵颜色为很淡的绿色且呈半透明状，这和黑脉园粉蝶的卵几乎没有什么区别。但是在进入发育状态后，两种蝶卵就表现出了截然不同的性状，青园粉蝶的卵整个会变成淡粉色，而它的受精斑就像一团团红色的花絮在蝶卵内侧生长开来。卵的大小约1.35mm × 0.52mm，幼虫以寄主植物的叶子为食，雌蝶喜欢将卵产在寄主植物的叶子背面或茎干的刺上。青园粉蝶在我国分布于华南与西南地区。

蝶卵尺寸　1.35mm × 0.52mm

纤粉蝶卵

Leptosia nina
Pieridae，Pierinae

纤粉蝶的卵非常漂亮，我想，这是我到本书截稿为止拍到过的最漂亮的一种粉蝶卵。纤粉蝶是南方较为常见的一种小型粉蝶，但它们的卵却很少被找到。在显微镜下观察它们的卵时，第一感受就是惊艳！卵的大小约1.57mm × 0.47mm，初产时为清新的天蓝色，在随后的发育过程中，卵会变得越来越清透，部分区域的蓝色会变为更高级的淡青色，整个卵看起来就像一块高冰种的翡翠玉雕。纤粉蝶卵有12条左右的纵脊，这些纵脊每隔一条就会从基底直接延伸至顶部形成一个冠状突起。卵的表面有多条横纹围绕周身，但每个区域的横纹并非整齐对接。卵的表面的其余部分则布满了极细的颗粒状纹饰。幼虫以十字花科碎米荠以及山柑科广州山柑等植物的叶子为食，雌蝶会将卵产在寄主植物的叶面上。纤粉蝶在我国分布于云南、广西、广东、海南、台湾、香港等地。

蝶卵尺寸　1.57mm × 0.47mm

黑纹粉蝶卵

Pieris melete

Pieridae，Pierinae

黑纹粉蝶卵属于子弹形，但并没有这一类型典型的圆润感，它的轮廓线条要硬朗许多。卵的大小约1.37mm × 0.54mm，有超过10条的纵脊，其中6~7条纵脊会从基底一直延伸至顶部形成一个冠状突起，横纹密而整齐，但表面粗糙且富有褶皱。卵初产时为淡绿色，但在发育过程中，部分区域会变得半透明，整体看上去像一个待放的花苞。幼虫以十字花科植物的叶片和嫩角果为食，雌蝶会将卵产在寄主植物的叶面上。黑纹粉蝶在我国分布于浙江、上海、河北、安徽、福建、广西、湖南、湖北、四川、贵州、云南等地区。

蝶卵尺寸　1.37mm × 0.54mm

菜粉蝶卵

Pieris rapae

Pieridae，Pierinae

在我的家乡江苏江阴，每年春天，诸葛菜（二月蓝）会开满山间的路边和林地。这些紫色的花朵不仅会吸引蜜蜂来采蜜，也会吸引很多菜粉蝶过来访花和产卵。如果时机正确，散步时稍加留心，就能很容易地发现在叶子上栖息的小青虫，那就是菜粉蝶的幼虫。当然如果运气够好，你还可以发现产在叶子和茎上的菜粉蝶卵，它们的大小约0.97mm × 0.48mm，多数为米黄色，呈典型的子弹形态，不过在顶部会留下一个小小的“平头”。有约10条纵脊围绕卵的周身，这些纵脊每隔一条长短交错。卵的其余部分则有较强的光泽。幼虫通常以十字花科诸葛菜属、芸薹属植物以及木樨草科的木樨草等植物的叶子为食。菜粉蝶在我国各地均有分布。

蝶卵尺寸　0.97mm × 0.48mm

东方菜粉蝶卵

Pieris canidia
Pieridae，Pierinae

东方菜粉蝶卵和菜粉蝶卵有着极为相似的外形，但从多次采样观察来看，还是能发现它们之间的一些细微区别。大多数东方菜粉蝶卵的色泽要比菜粉蝶卵略微深而鲜艳，且其横纹较为粗糙一些，还有一个较明显的特点就是，东方菜粉蝶卵在头部区域总会略歪向一侧。许多蝴蝶卵存在区域性变化，想获得更准确区分二者的证据，则需要更多的样本观察。东方菜粉蝶卵大小约1.06mm × 0.50mm，幼虫以白菜、芥菜和萝卜等诸多十字花科植物的叶片和嫩角果为食，雌蝶喜欢将卵产在寄主植物的叶面或茎上。东方菜粉蝶在我国各地均有分布。

蝶卵尺寸　1.06mm × 0.50mm

黄尖襟粉蝶卵

Anthocharis scolymus
Pieridae，Pierinae

蝶卵尺寸　1.02mm × 0.51mm

黄尖襟粉蝶的卵与东方菜粉蝶的卵极为相似。卵的大小约1.02mm × 0.51mm，初产时为白色，略呈半透明状，在发育过程中，整体颜色会变为橙黄色，甚至发展为偏橙棕色，而其顶部则会保留一小部分半透明色，这也是区分它与东方菜粉蝶卵的一个特点。黄尖襟粉蝶一年只发生一个世代，幼虫以芸薹（油菜）、碎米荠、诸葛菜（二月蓝）等十字花科植物的叶子为食。每年的三月左右，雌蝶会把卵产在寄主植物的叶面及茎部。黄尖襟粉蝶在我国分布于东北三省、北京、青海、陕西、河北、河南、湖北、上海、江苏、浙江、安徽、福建等地。

①

②

① 初产的黄尖襟粉蝶卵为白色。
② 发育过程中，卵的颜色会变为橙黄色。

鹤顶粉蝶卵

Hebomoia glaucippe

Pierida，Pierinae

蝶卵尺寸　2.35mm × 1.05mm

鹤顶粉蝶是我国境内最大的粉蝶，它的卵也是我到本书截稿为止拍摄到的最大的粉蝶卵，大小约 2.35mm × 1.05mm，以至于在所需拍摄倍率下，镜头的视野无法容下整个蝶卵的尺寸。所以我不得不以拼接堆栈的方式拍摄，以保证有足够的细节表现。卵初产时为米白色，在随后的一两天内，随着发育，整个卵将会变成橙黄色，且在它的中下部会有橙红色的受精斑出现。卵的表面有多条纵脊，自下至顶部形成一个冠状突起。纵脊之间没有明显的横纹，但周身有细微的横向褶皱。在每条纵脊附近都分布有细而密的颗粒状纹饰。鹤顶粉蝶的幼虫主要以山柑科的广州山柑、鱼木等植物的叶子为食，受惊时会像眼镜蛇一样昂头挺胸，以此来自卫，吓退敌人。雌蝶喜欢把卵产在寄主植物的叶片背面，偶尔也会产在茎干的刺上。鹤顶粉蝶在我国分布于南方各省。

北黄粉蝶卵

Eurema mandarina
Pieridae，Coliadinae

在江南有一种豆科植物，叶如含羞草，它们随秋而盛，在田野的阡陌，在干涸的沟渠，恣意生长，这就是田菁。人们时常会看到一种黄色的蝴蝶穿梭在田菁之间，蜻蜓点水般地缓慢飞行，这是北黄粉蝶在寻找合适的叶子产下它们的卵。而田菁叶子夜合昼开，夜晚叶片合上时会把叶面上的蝶卵压弯。第二天，随着叶子打开，蝶卵会缓慢回弹起来。虽然无法回到原来的模样，但这并不影响它们的存活。北黄粉蝶卵是典型的梭子形状，数十条纵脊和横纹编织成一张网，覆盖了整个蝶卵。不过和多数子弹形粉蝶卵相比，梭形蝶卵顶部会完全收缩起来，而并非呈冠状。北黄粉蝶卵刚产下时为白色，顶部小部分呈半透明状。发育过程中不会呈现出明显的受精斑。卵的大小约1.28mm × 0.43mm，幼虫以多种豆科植物（合欢、田菁、胡枝子等）的叶子为食。北黄粉蝶在我国分布于江苏、浙江、福建、广西、海南、香港、台湾等地。

蝶卵尺寸　1.28mm × 0.43mm

斑缘豆粉蝶卵

Colias erate

Pieridae，Coliadinae

斑缘豆粉蝶卵初产时为米白色，此时与北黄粉蝶卵很相似，但在随后的一两天，随着发育，整个蝶卵会变成好看的橘红色，其纵脊和横纹都要比北黄粉蝶卵稀疏，且清晰很多。卵的表面大部分区域分布有极细的颗粒，且富有光泽。在基底和顶部呈半透明状。斑缘豆粉蝶卵与东亚豆粉蝶卵的特性和形态极为相近，几乎很难分清楚，而它们的成蝶也极为相似。斑缘豆粉蝶卵大小约1.29mm × 0.47mm，幼虫常以苜蓿、紫云英等豆科植物的叶子为食。雌蝶会将卵产在寄主植物的叶面和茎部。斑缘豆粉蝶在我国分布于北京、陕西、四川、西藏、云南等地区。

蝶卵尺寸　1.29mm × 0.47mm

梨花迁粉蝶卵

Catopsilia pyranthe
Pieridae，Coliadinae

蝶卵尺寸　1.79mm × 0.54mm

在诸多粉蝶种类中，迁粉蝶属的卵绝对算得上是很特别的存在，它们是典型的梭形蝶卵，但整体比例更为纤长。梨花迁粉蝶卵的大小约1.79mm × 0.54mm，具有10条左右的纵脊，横纹不是特别显著。它的特别之处在于，纵脊以外的表面并非光滑或布满点状纹饰，而是布满了一层细细的网状纹路。卵刚产下时为白色，开始发育后，在一侧的上半部分会出现红色受精斑，整体具有很强的珠光质感。幼虫以豆科决明属的多种植物的叶子为食，雌蝶一般会把卵产在寄主植物的叶面上。梨花迁粉蝶在我国分布于云南、广西、广东、海南、台湾、香港等南方地区。

蛱蝶科
NYMPHALIDAE

忘忧尾蛱蝶卵

Polyura nepenthes

Nymphalidae，Charaxinae

在我第一次发现忘忧尾蛱蝶的卵时，并未亲眼见过它们的成蝶，但“忘忧”一词如此寓意深长，让我对它有了更多的好奇。时隔许久，当我第一次看到缀着两对尖锐尾突的成蝶，在阳光下翩翩飞舞的时候，我便理解了“忘忧”一词之意，蝶飞怡然，观之忘忧。而传说中古希腊有一种让人忘却忧愁的药就叫Nepenthe。忘忧尾蛱蝶的卵较大，大约有2.01mm × 1.95mm，形如放在叶子上的一个“小杯子”。初产时为淡黄色，但很快整个就会变成酱红色。蝶卵表面纹理不显，但在其内壁可以看到很浅的网状结构，在接近蝶卵顶部边缘处，有一圈类似纵脊的短线条竖纹。而它的顶部则布有诸多褶皱。幼虫以豆科猴耳环属、鸡血藤属、合欢属，鼠李科翼核果属等植物的叶子为食，雌蝶会将卵产在寄主的叶面上。忘忧尾蛱蝶在我国分布于海南、广东、福建、四川、江西、浙江、香港等地。

蝶卵尺寸　2.01mm × 1.95mm

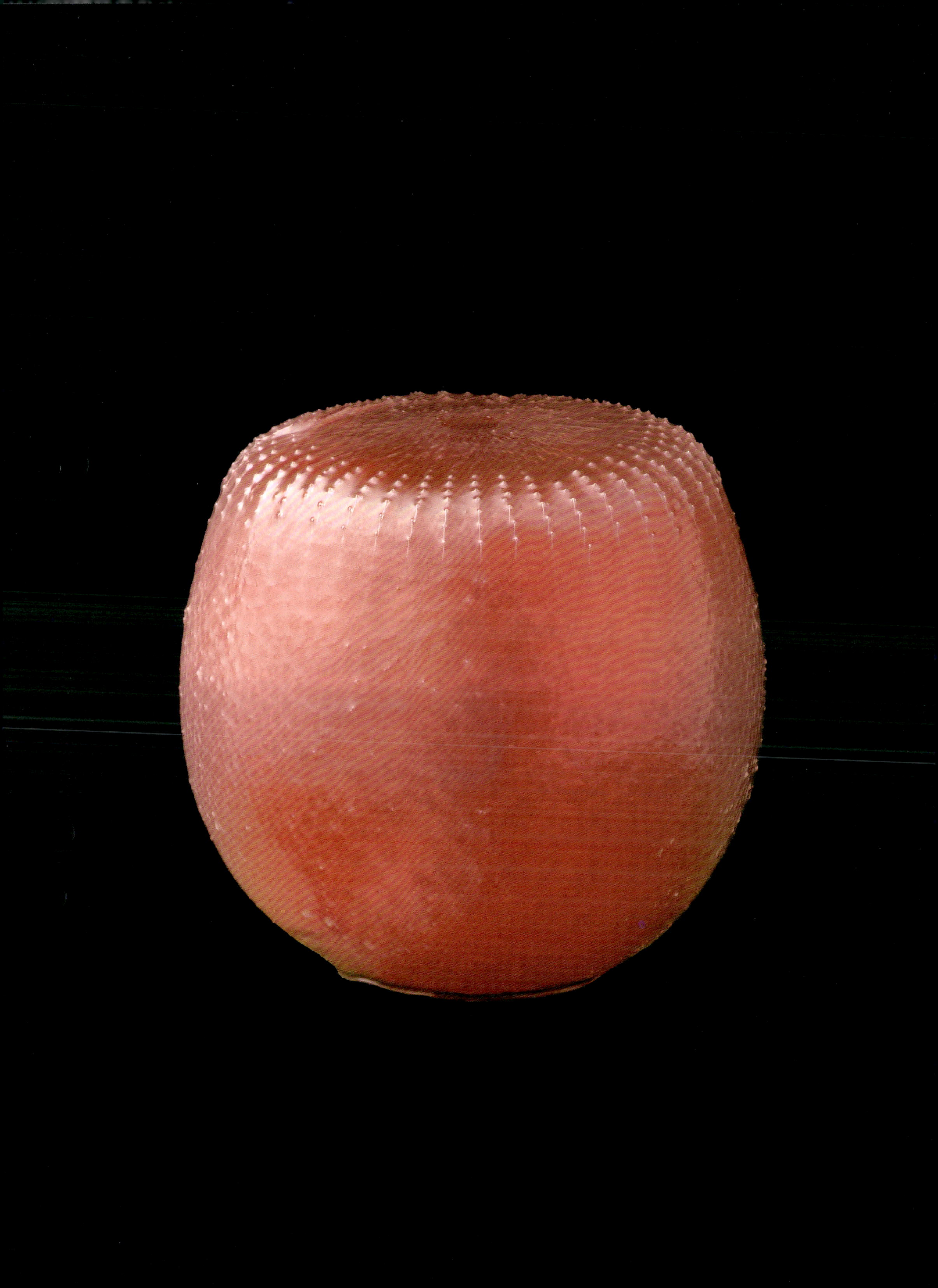

二尾蛱蝶卵

Polyura narcaea
Nymphalidae, Charaxinae

尾蛱蝶属蝴蝶的卵通常都比较大，而其基底又相对较小。看上去如此不稳当的样子，却可以牢牢地粘在一片很小的嫩叶之上，即便风雨肆虐也不会脱落，让人不禁赞叹。二尾蛱蝶卵形态圆润，大小约1.77mm × 1.67mm，初产时为淡黄色，经过一两天的发育后，在接近顶部的位置会出现一圈红褐色的受精斑，整个看起来就像一颗成熟的冬枣，亦如初升的太阳。幼虫以合欢属的山合欢等植物的叶子为食，雌蝶会将卵产在寄主植物的叶面上。尾蛱蝶属的幼虫有一个很有意思的特征，它们头生四角，就像寄宿在叶子上面的一条条“小青龙”。二尾蛱蝶在我国分布较广，浙江、北京、河南、山西、陕西、四川、云南、福建、江西、广东、广西、台湾等地均有分布。

蝶卵尺寸　1.77mm × 1.67mm

白带螯蛱蝶卵

Charaxes bernardus
Nymphalidae，Charaxinae

白带螯蛱蝶的体型很大，在山间林地，时常会看到它从你身边急速掠过，找到一棵有着“伤口”的树木，停留下来忘我地吸食着树汁。螯蛱蝶属与尾蛱蝶属的卵很相似，大而圆润，且基底较小。白带螯蛱蝶卵大小约2.04mm × 2.00mm，表面有少许气泡状纹理，没有明显的纵脊和横纹。初产时为淡黄色，在发育过程中，卵的内壁会产生许多红褐色受精斑。细看之下，这些受精斑都是由一些规则的多边形纹饰组成。此时观其形态，像极了一颗“虎斑菩提果”。幼虫的形态与尾蛱蝶属很相似，形如“小青龙”，主要以樟科的樟、阴香，以及芸香科的降真香（山油柑）的叶子为食，雌蝶会将卵产在寄主离地2~5m的叶面之上。白带螯蛱蝶在我国分布于广东、广西、福建、浙江、湖南、香港、海南等南方地区。

蝶卵尺寸 2.04mm × 2.00mm

黄钩蛱蝶卵

Polygonia c-aureum

Nymphalidae，Nymphalinae

葎草，是一种蔓生草本植物，有时候会隐藏在草间生长，行人穿行而过时，会被它的藤蔓拉住裤管，而它茎上的钩刺就像“刺客”一般，如果被它盯上你裸露的脚踝，走上一遭，就会被刺得火辣辣地疼。所以民间赐名“割人藤”，不过这种“草间刺客”却是一种蝴蝶的主要食物，那便是黄钩蛱蝶。雌蝶会将卵产在寄主植物的嫩叶叶面和叶尖上，大小约0.76mm × 0.86mm，形如西瓜，通体黄绿色，部分发育态颜色呈青绿色，内壁布满白色斑纹，纵脊明显，呈片状排列且上宽下窄。黄钩蛱蝶在我国分布于东北和东南的广大区域。

蝶卵尺寸　0.76mm × 0.86mm

枯叶蛱蝶卵

Kallima inachus

Nymphalidae，Nymphalinae

蝶卵尺寸 1.30mm × 1.46mm

枯叶蛱蝶以高超的拟态和伪装“技术”著称，是大自然最为神奇的演化之一。其翅膀上的鳞片纹理和色彩有多达数十种的组合，可以模拟出不同叶脉的枯叶，甚至可以模拟出不同形状的霉斑。其卵则是蛱蝶科比较典型的“西瓜”形态。大小约1.30mm × 1.46mm，整体呈黄绿色，也有部分呈青绿色。有13~14条纵脊，呈透明的片状排列，且上宽下窄，脊刃处由诸多细小的圆孔纹饰组成。每一条纵脊延伸至底部时，会分化加粗为两股脊纹与基底连接。除顶部和底部外，其余区域没有明显的横纹。而在发育过程中，其表面会呈现出颜色较浅的冰裂状受精斑。枯叶蛱蝶幼虫喜欢以爵床科植物的叶子为食，雌蝶会将卵产在寄主植物的叶面上。枯叶蛱蝶在我国分布于秦岭以南地区。

琉璃蛱蝶卵

Kaniska canace

Nymphalidae，Nymphalinae

琉璃蛱蝶是一种分布较广的蝴蝶，在野外看到琉璃蛱蝶，似乎很难想象它们为何被称为“琉璃”，但如果你看到它们刚刚羽化时的样子，就知道称为“琉璃”一点都不为过。它的卵很像枯叶蛱蝶的卵，但纵脊要明显稀少许多，只有10条左右，且接近底部时也没有分化加粗的现象。除此以外，琉璃蛱蝶卵表面更具光泽感。其受精斑刚好和枯叶蛱蝶卵相反，是颜色变深的青蓝色的冰裂状。单颗卵的大小约1.00mm × 1.05mm，幼虫以菝葜科、百合科植物的叶子为食，雌蝶喜欢将卵产在寄主植物的叶面上。琉璃蛱蝶在我国分布于江苏、浙江、福建、广东、广西、甘肃、香港等地。

蝶卵尺寸　1.00mm × 1.05mm

大红蛱蝶卵

Vanessa indica

Nymphalidae, Nymphalinae

蝶卵尺寸　0.70mm × 0.83mm

每年的早春二月，大红蛱蝶便开始了一年一度的复苏，而它们的卵，也是每年最早能拍摄到的蝴蝶卵之一。其大小约0.70mm × 0.83mm，类似一个小小的绿色“西瓜”，形态上接近黄钩蛱蝶的卵，但它更偏向于椭圆形，有10条左右的片状纵脊，透明且呈上宽下窄，横纹不明显。在发育过程中，蝶卵内部会产生鳞片状的受精斑。幼虫喜欢以荨麻科、榆科植物的叶子为食。雌蝶会将卵产在寄主植物的叶面上。大红蛱蝶在我国分布广泛，遍布全国各地。

美眼蛱蝶卵

Junonia almana
Nymphalidae，Nymphalinae

到本书截稿，我国已发现的眼蛱蝶属的蝴蝶有6种，美眼蛱蝶就是其中之一。而“美眼”的称谓，源于成蝶正面的翅鳞上有几个醒目的大眼斑，在遇到危险时能起到恐吓敌人的作用。反观其卵，则是蛱蝶卵较为普遍的形态，不过高宽比相差很小，大小约0.77mm × 0.79mm，有12条左右的纵脊，悬梯状的横纹较浅，发育中有斑块状受精斑产生，颜色深浅不一。幼虫喜食玄参科、苋科、车前科等多种植物的叶子，雌蝶会将卵产在寄主植物的叶片上和茎部。美眼蛱蝶在我国除西北地区外，广泛分布于长江以南各省区。

蝶卵尺寸　0.77mm × 0.79mm

蛇眼蛱蝶卵

Junonia lemonias
Nymphalidae，Nymphalinae

蝶卵尺寸 0.76mm × 0.70mm

眼蛱蝶属蝴蝶的卵有很强的家族性特征，在寄主植物重叠的情况下，有时候肉眼很难将它们区分开，但在超微观摄影镜头下，一些细微的差异会清晰地呈现出来，让人们能分辨出它们之间的差异。蛇眼蛱蝶卵大小约0.76mm × 0.70mm，纵脊较美眼蛱蝶卵更为宽大，且从上至下并没有明显的收敛现象，在发育过程中，受精斑也并不是斑块状，而是会形成颜色较深的斑点。除此之外，其余部分与美眼蛱蝶卵类似，但光泽感更强一些。幼虫以爵床科瘤子草、蓝花草（翠芦莉）、台湾鳞花草等植物的叶子为食。雌蝶喜将卵产在寄主植物的叶面上。蛇眼蛱蝶在我国分布于长江以南各地。

钩翅眼蛱蝶卵

Junonia iphita

Nymphalidae，Nymphalinae

钩翅眼蛱蝶虽为眼蛱蝶属蝴蝶，但在它的翅面上并没有特别明显的“眼斑”鳞纹，只在正面后翅近外缘有一列小小的、不明显的眼纹。前翅比较狭长，并在前缘处向上弯曲，形成一种钩状的结构，故名“钩翅”。钩翅眼蛱蝶卵的外形虽具有眼蛱蝶属蝴蝶卵的普遍特征，但还是能将它们区分开来，此卵初产时呈淡绿色，内部隐约可见层叠的鳞状卵质，大小约0.79mm × 0.80mm，在发育过程中并无明显的受精斑产生，具有12~13条纵脊，横纹几乎完全淡化。幼虫以爵床科多种植物的叶子为食，雌蝶会将卵产在寄主植物的叶面上。钩翅眼蛱蝶在我国主要分布于长江以南地区。

蝶卵尺寸　0.79mm × 0.80mm

黄豹盛蛱蝶卵

Symbrenthia brabira

Nymphalidae，Nymphalinae

黄豹盛蛱蝶的反面翅纹是黄底上密布大小不一的黑色斑点，酷似豹纹，故而得名。它的卵在蛱蝶科中也是比较特别的一种。初产时一身深绿色，半透明状，可以看见里面有颜色更深的墨绿色卵质，约有10条透明的纵脊，且纵脊上宽下窄，呈片状排列，横纹浅淡、不明显。蝶卵大小约0.80mm × 0.75mm。幼虫喜欢以荨麻科冷水花、宽叶楼梯草、赤车等植物的叶子为食。雌蝶喜欢将卵产在寄主植物的叶子背面。黄豹盛蛱蝶在我国分布于浙江、福建、江西、台湾、云南、四川、重庆、湖北、贵州等地。

蝶卵尺寸　0.80mm × 0.75mm

黑脉蛱蝶卵

Hestina assimilis

Nymphalidae，Apaturinae

蛱蝶卵的多变，不仅表现在形态上，还表现在其发育过程中的变化上。黑脉蛱蝶卵是一种在发育过程中会有较大变化的蝶卵。黑脉蛱蝶是一种常见的中型蝴蝶，不过其产的卵可不小，约1.46mm × 1.43mm，初产时为青绿色，拥有20条左右的透明状花边纵脊，且在上面整齐排列有很细小的圆孔状纹饰，横纹并不算明显，其余部分均为轻微褶皱状。在产下的第二天，蝶卵表面开始出现颜色各异的受精斑，整体颜色开始变得透明而浅淡，形成青绿交辉的状态，这个过程很短，也是最为特别的时刻。随后蝶卵迅速变为棕绿色，受精斑也开始变得暗淡。黑脉蛱蝶幼虫常以榆科朴树等植物的叶子为食，雌蝶一般会选择较为低矮的寄主植物，并在其叶面上产卵。黑脉蛱蝶在我国分布于浙江、江苏、辽宁、山西、陕西、福建、云南、香港等地。

蝶卵尺寸　1.46mm × 1.43mm

①

②

① 黑脉蛱蝶卵初产时呈青绿色。
② 发育中的黑脉蛱蝶卵拥有五彩斑斓的受精斑。

白裳猫蛱蝶卵

Timelaea albescens

Nymphalidae，Apaturinae

朴树作为蝴蝶常见而重要的寄主植物之一，养育了多个属（种）的蛱蝶，而白裳猫蛱蝶就是其中之一。雌蝶通常会把卵产在朴树叶子的正面，卵近圆形，大小约1.06mm × 1.07mm，初产时为白色，在发育过程中，卵的上半部分至顶部会形成两圈点状排列的橙色受精斑。有20多条花边状纵脊，这些纵脊比较宽且透明。每条纵脊的中线处由诸多细小的圆孔状纹理排列组成。有较为发达的横纹，形似悬梯。白裳猫蛱蝶的幼虫头部生有两个毛茸茸的小角，就像一只小鹿的脸蛋。白裳猫蛱蝶在我国分布于浙江、山西、山东、福建、台湾等地。

蝶卵尺寸 1.06mm × 1.07mm

银白蛱蝶卵

Helcyra subalba

Nymphalidae，Apaturinae

银白蛱蝶因翅膀反面为银白色而得名，根据地域不同，有锈袖型和银白型两种类型。它的卵像朴树叶上的一枚“水晶果冻”，大小约1.23mm × 1.04mm，略呈扁圆形，初产时为透明的白色，在随后的一两天内，其上半部分会产生绕蝶卵两圈的红色圆斑状受精斑，也有少数的受精斑呈不规则形态。而在发育末期，受精斑会迅速消退，且蝶卵不再透明。幼虫以榆科多种朴树的叶子为食。雌蝶喜欢将卵产在寄主植物的叶子背面。银白蛱蝶在我国分布于长江以南、秦岭以南各地区。

蝶卵尺寸 1.23mm × 1.04mm

傲白蛱蝶卵

Helcyra superba
Nymphalidae，Apaturinae

蝶卵尺寸　1.19mm × 1.10mm

傲白蛱蝶也是白蛱蝶属的一种蝴蝶，它的卵与银白蛱蝶的卵很相似，但整体不是扁圆形，而是长宽比更大的半球形。卵的大小约为1.19mm × 1.10mm，有18~20条纵脊，每条纵脊均由透明的圆珠状纹饰排列组成，横纹浅细。初产时为透明的白色，在发育过程中，会产生2~3圈棕红色受精斑围绕蝶卵。随着卵发育成熟，受精斑会消失，蝶卵也变得不再透明。幼虫喜食榆科的多种朴树的叶子。雌蝶会将卵产在寄主植物的叶子背面。傲白蛱蝶在我国分布于福建、广东、广西、江西、浙江、台湾等地。

爻蛱蝶卵

Herona marathus

Nymphalidae，Apaturinae

最开始关注爻蛱蝶是因为它的幼虫。爻蛱蝶幼虫的形态非常特别，黑白配色的脸酷似“空洞骑士”的面具。爻蛱蝶也是一种以朴树为寄主的蝴蝶，雌蝶喜欢将卵产在叶子背面，卵的大小约1.22mm × 1.32mm，颜色为淡淡的黄绿色，且呈半透明状。纵脊宽而平坦，上面排列着很小的圆点状纹饰，横纹呈悬梯状，宽大，纹理较浅。卵的基底部分较小，仔细观察可见其内部有圆珠状的卵质。幼虫除朴树外，还以假玉桂等植物的叶子为食。爻蛱蝶在我国分布于海南、广西、云南等地。

蝶卵尺寸　1.22mm × 1.32mm

矍眼蝶卵

Ypthima baldus

Nymphalidae，Satyrinae

蝴蝶卵的本质是孕育，但除此之外，它们也是这个世界自然而生的艺术品。矍眼蝶属的卵令人印象深刻，它们有极为精美的纹饰，也有看起来令人非常舒适的色泽与通透感。用“宝石”一词称之并不为过，而这一切均是造物者在1mm以内的卵上“精雕细琢”的结果。矍眼蝶属蝴蝶的卵都相对较小，矍眼蝶卵的大小只有约0.82mm × 0.90mm，淡青色，椭圆形，表面布有多边形结构的坑状网格，每一个网格都具有轻微的褶皱，且富有光泽。矍眼蝶幼虫以求米草、两耳草等禾本科植物的叶子为食。雌蝶产卵并无规律性，可能产在寄主植物的叶子或茎秆上，也有可能选择寄主植物附近的地方产卵。矍眼蝶在我国分布于福建、广东、广西、海南、浙江等南方地区。

蝶卵尺寸　0.82mm × 0.90mm

阿矍眼蝶卵

Ypthima argus

Nymphalidae，Satyrinae

阿矍眼蝶卵乍一看非常像矍眼蝶卵，但从多个样本拍摄来看，它们的卵还是存在细微的区别。阿矍眼蝶卵的大小约0.74mm × 0.76mm，呈淡青色、半透明状，颜色相比矍眼蝶卵要更深一些，形态接近类圆锥体。表面的网格纹路窄而平浅，看起来像一颗海蓝宝石。阿矍眼蝶幼虫以多种禾本科植物的叶子为食，产卵习性与矍眼蝶并无二致，可产在寄主植物的叶子或茎秆上，也会在寄主植物附近的地方产卵。阿矍眼蝶的成蝶和矍眼蝶的形态也非常相似，很难区分，但矍眼蝶在我国主要分布于南方地区，而阿矍眼蝶在我国分布于黑龙江、吉林、辽宁、北京、河北等北方地区。可根据地域分布进行区分。

蝶卵尺寸　0.74mm × 0.76mm

密纹矍眼蝶卵

Ypthima multistriata
Nymphalidae，Satyrinae

蝶卵尺寸 0.93mm × 0.94mm

如果阿矍眼蝶卵是海蓝宝石，那么密纹矍眼蝶卵就像一个翡翠玉雕。其卵的大小约0.93mm × 0.94mm，通体翠绿，呈球状，整齐的多边形组成的网格布满卵的表面，若是细看每个多边形的边，会发现上面都排列着浅而细的虚点。每个网格内也并非光滑的，而是均匀分布着细小的坑点。幼虫主要以求米草、两耳草等多种禾本科植物的叶子为食。密纹矍眼蝶在我国分布较广，辽宁、北京、河北、江苏、上海、浙江、福建、江西、贵州、四川等地均有分布。

前雾矍眼蝶卵

Ypthima praenubila

Nymphalidae，Satyrinae

在矍眼蝶属诸多蝶卵中，初产的前雾矍眼蝶卵并没有什么特别的，甚至看上去与密纹矍眼蝶卵有很多相似之处，不过其卵的形态更接近于圆锥形，卵也稍大一些，约1.43mm × 1.37mm，多边形纹路也更为细小而稠密。网格内表面有细微的褶皱感，而非坑点状的纹饰。更有意思的是，前雾矍眼蝶卵在发育过程中，色泽会从绿色变为淡黄色，发育末期可以看到内部幼虫身上的花纹，四条红褐色色带将卵围绕了一圈，整体看上去如同一颗带有星环的小小星球。禾本科的求米草等植物的叶子是其幼虫的主要食物。和其他矍眼蝶属蝴蝶一样，前雾矍眼蝶雌蝶的产卵习惯让人难以捉摸，可能产在寄主植物的叶子、茎秆上，也可能产在寄主附近的枯枝上等位置。前雾矍眼蝶在我国分布于安徽、浙江、福建、江西、广东、广西、香港、台湾等地。

蝶卵尺寸 1.43mm × 1.37mm

①

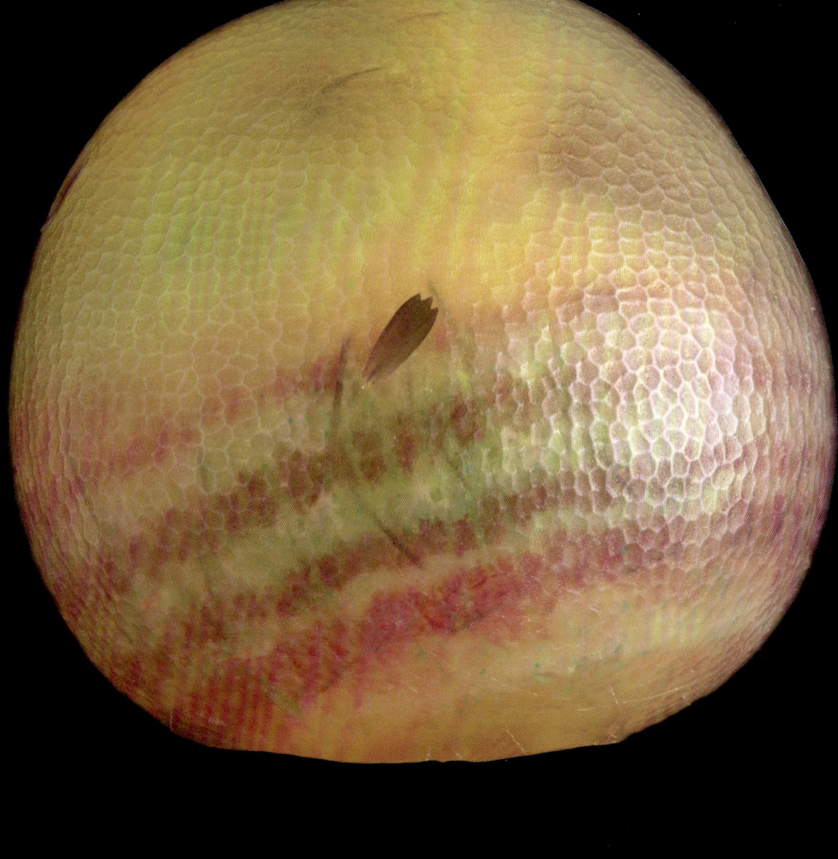

②

① 前雾虋眼蝶卵初产时为翠绿色。
② 发育末期可以看到内部幼虫身体的花纹，四条红褐色色带围绕整个蝶卵一圈。

翠袖锯眼蝶卵

Elymnias hypermnestra
Nymphalidae，Satyrinae

对于一个蝴蝶卵的形态，也许一百个人有一百种描述。翠袖锯眼蝶卵的特别之处在于几乎没有由纵脊和横纹构成的“骨架”，而是由许多个多边形直接拼接而成，这不禁让人想起一种单纯由碳原子组成的稳定分子结构——碳60，也被称为巴基球、足球烯。其卵的大小约1.56mm × 1.55mm，淡黄色或明黄色，如同蜜蜡雕刻而成。幼虫以散尾葵、山棕、蒲葵、槟榔、棕竹、大王椰子等棕榈科植物的叶子为食。雌蝶喜将卵产于寄主植物的叶面上。翠袖锯眼蝶在我国分布于福建、广东、海南、广西、台湾、云南、湖北等地。

蝶卵尺寸 1.56mm × 1.55mm

白斑眼蝶卵

Penthema adelma

Nymphalidae，Satyrinae

在人类眼睛无法细辨的领域，事物的长短高矮是肉眼粗浅衡量的极限，但超微摄影技术的运用，还能给视觉带来“味觉”的感受。白斑眼蝶卵在超微视角下，像一颗置于竹叶上的剥了皮的荔枝，尽管它的大小连牙缝都塞不满，但这并不影响视觉转换成味觉，使人一见到它就感受到一种甜美的“味道”。白斑眼蝶卵呈圆锥形，白色，透明，大小在1.92mm × 2.00mm左右，光滑的表面有一些透明胶质的突起，像沾上了一些水滴。细观其内部，可以看到许多圆珠形卵质。幼虫以禾本科多种竹属植物的叶子为食。雌蝶会将卵产在寄主植物的叶子背面。白斑眼蝶在我国分布于浙江、福建、广东、江西、湖北、广西、台湾、四川、陕西等地。

蝶卵尺寸　1.92mm × 2.00mm

稻眉眼蝶卵

Mycalesis gotama

Nymphalidae，Satyrinae

眉眼蝶属蝴蝶的两对翅膀上有对称的眼斑，形如人的眉眼，故名。稻眉眼蝶卵的大小约1.13mm × 1.09mm，接近球形，整体翠绿而通透，表面布有多边形构成的网状纹路，但都如浮雕一般浅。除此以外，卵的表面还有一些水珠样的纹饰。稻眉眼蝶幼虫的身体细长、绿色，头部很特别，有尖尖的“耳朵”、圆圆的“脸蛋”，颜色棕白相间，很像猫咪的头，整体看起来像毛毛虫的身体拼接了个猫头。它们多以禾本科的水稻、芒、竹等植物的叶子为食。雌蝶会将卵产在寄主植物的叶面上。稻眉眼蝶在我国分布于东北、华东、华南及西南地区。

蝶卵尺寸　1.13mm × 1.09mm

拟稻眉眼蝶卵

Mycalesis francisca
Nymphalidae，Satyrinae

蝶卵尺寸　1.19mm × 1.22mm

拟稻眉眼蝶虽然与稻眉眼蝶只有一字之差，但二者的卵的形态和颜色却有着很大的不同。拟稻眉眼蝶卵大小在1.19mm × 1.22mm左右，通体白色且透明，表面有较浅的多边形网状纹路，但网格略显凌乱。细观其内部，可看到层层叠叠的圆珠状卵质。也因为其卵质的发育，局部略显淡黄色。除此之外，卵的表面还附着有细小的水珠状纹饰。幼虫以多种禾本科植物的叶子为食。雌蝶喜欢将卵产在寄主植物的叶面上。拟稻眉眼蝶在我国分布于华北、华东、华南及西南地区。

小眉眼蝶卵

Mycalesis mineus

Nymphalidae，Satyrinae

每一种蝴蝶的卵都会有它的特别之处，不仅不同种的蝴蝶卵模样不同，同种不同个体的卵的模样也会有差异。多数小眉眼蝶卵为接近白色的透明状。但这张照片所拍到的小眉眼蝶卵却呈鲜艳的青绿色。卵的大小约1.02mm × 0.96mm，其表面也具有由多边形构成的网格纹路，但每个网格内缘有较宽的锯齿状白边，这也让网格之间有着不连续的割裂感。这也许是内部发育造成的形态，但这只是猜测，无从考证。除此以外，卵的表面相对光滑，仔细观察，隐约可见卵内部的卵质。幼虫以多种禾本科植物的叶子为食。雌蝶会将卵产在寄主植物的叶面上。小眉眼蝶在我国分布于长江以南地区。

蝶卵尺寸　1.02mm × 0.96mm

连纹黛眼蝶卵

Lethe syrcis

Nymphalidae，Satyrinae

黛眼蝶属是蛱蝶科中的大家族，在我国，其属下目前已发现100多种蝴蝶。如果不去细究，半球形的连纹黛眼蝶卵会被误认为是某种弄蝶的卵。但在高倍显微镜下，我们可以清晰地观察到它的特别之处：在洁白的卵的表面刻满了毫无规律的曲线，组成一种类似皮革的纹路。在顶部隐藏着与表面花纹不同的精孔区域。卵的大小约1.38mm × 1.17mm。幼虫喜欢以禾本科多种竹子的叶子为食。雌蝶会把卵产在寄主植物的叶面上。连纹黛眼蝶在我国分布于浙江、江西、河南、福建、四川、广西、广东、重庆等地。

蝶卵尺寸　1.38mm × 1.17mm

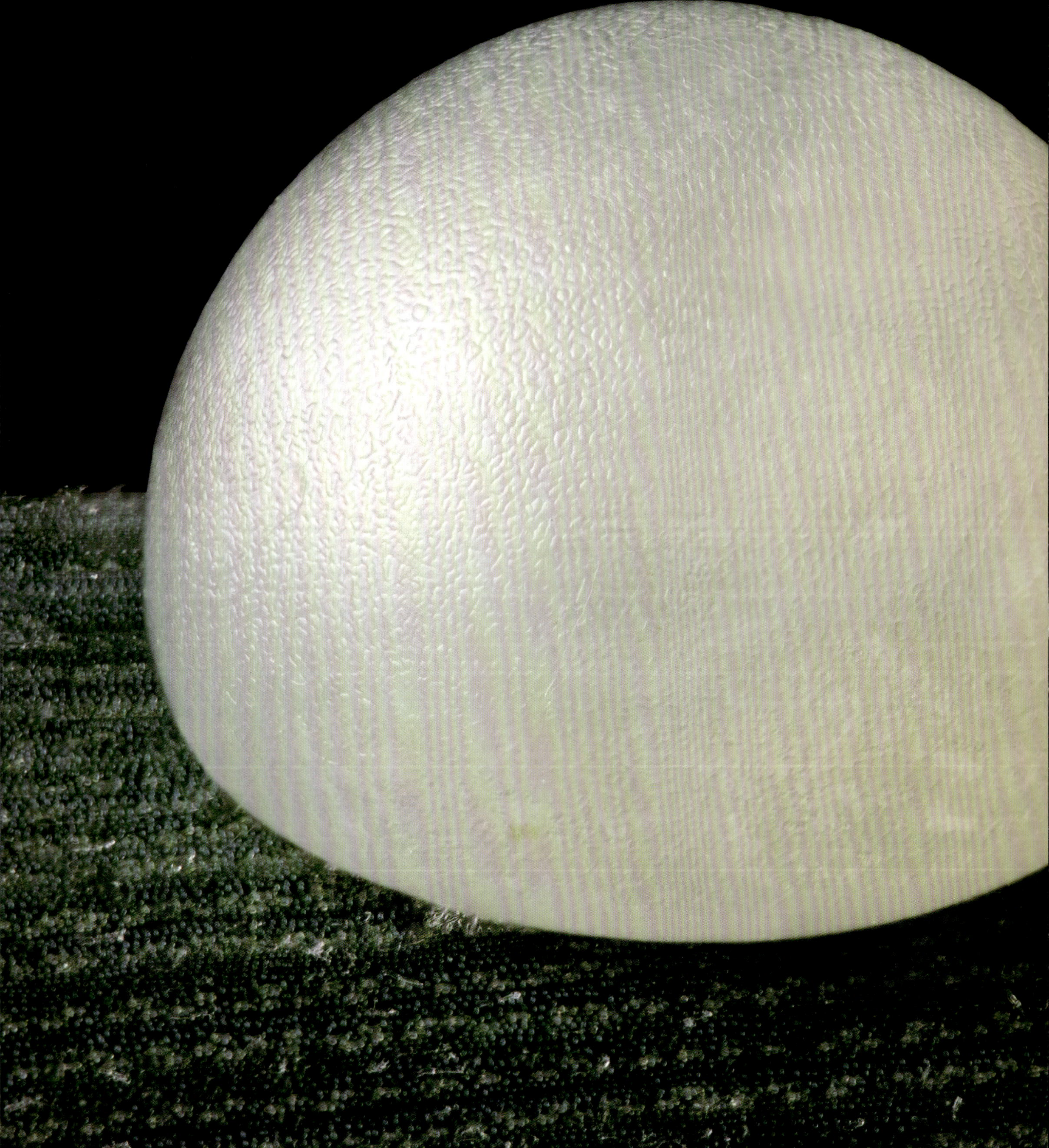

斐豹蛱蝶卵

Argyreus hyperbius

Nymphalidae，Heliconiinae

蝶卵尺寸　0.85mm × 0.87mm

我的童年是在江南的农村度过的，犹记得那时门前有一个不大的池塘，每到春天，一簇簇的紫色小花会开满整个岸边。阳光下，平静的水面如同花环围绕下的一颗透亮的眼眸。这些小花便是豹蛱蝶属重要的寄主之一——紫花地丁。斐豹蛱蝶会将卵产在紫花地丁的茎或叶子上，甚至会产在紫花地丁附近的枯枝和石头上。斐豹蛱蝶卵并不大，约0.85mm × 0.87mm，初产时为淡黄色，表面附有20多条纵脊，与横纹交错的区域凹陷成坑状，从基底一直延伸至顶部，构成一个圆锥体。卵表面有细细的颗粒感，并且富有珠光质感。除了紫花地丁，斐豹蛱蝶幼虫也吃堇菜科堇菜属的其他植物。斐豹蛱蝶在我国分布广泛，遍布全国各地。

青豹蛱蝶卵

Damora sagana

Nymphalidae，Heliconiinae

在每年的5~6月，紫花地丁花朵凋零、果实萌生之际，会悄悄迎来一种以它为寄主的蝴蝶——青豹蛱蝶。同为豹蛱蝶属蝶类，青豹蛱蝶卵的形态也有很强的家族性特征，初产时的青豹蛱蝶卵与斐豹蛱蝶卵很相似，大小相近，约0.88mm × 0.77mm，颜色也是淡黄色。但随着时间的推移，发育态的青豹蛱蝶卵表面会形成大面积的红褐色受精斑，这也是它与斐豹蛱蝶卵最大的区别。除此以外，青豹蛱蝶幼虫的食性、雌蝶的产卵习性也与斐豹蛱蝶很相似。青豹蛱蝶在我国分布于浙江、福建、广西、陕西、河南、吉林、黑龙江等地。

蝶卵尺寸　0.88mm × 0.77mm

红斑翠蛱蝶卵

Euthalia lubentina
Nymphalidae，Limenitinae

蝶卵尺寸　2.96mm × 1.84mm

对于蝶卵的形成，每一种蝴蝶都有它独有的手段与能力，除了“美味甜点师”“宝石设计师”外，一些蝴蝶还可以是高明的“自然建筑师”。而翠蛱蝶属蝴蝶在“建筑领域”的高超技艺在卵的形态上表现得淋漓尽致。红斑翠蛱蝶卵由两层五边形和六边形组合成圆锥塔形，在多边形每条边的交点，都会“长出”一条长长的“触角”，末端有金色半透明的水滴状装饰。不过这些“触角”可不光是用来装饰的，据说，它们的作用是阻碍寄生蜂产卵。红斑翠蛱蝶卵的大小约2.96mm × 1.84mm，初产时偏黄褐色，发育后逐渐变为红褐色。幼虫以桑寄生科植物的叶子为食。雌蝶通常会把卵产在寄主植物的叶面上。红斑翠蛱蝶在我国分布于福建、广东、广西、海南、云南、香港等地。

华东翠蛱蝶卵

Euthalia rickettsi

Nymphalidae，Limenitinae

青冈是蝴蝶重要的寄主植物之一，孕育的蝴蝶数不胜数，华东翠蛱蝶便是其中之一。每年9月左右，雌蝶会将卵产在寄主植物的叶片背面。其卵的形态令人印象深刻：大小约2.48mm × 1.74mm，整体由四层五边形和六边形组合成圆锥塔形；金色的表面布有细微的褶皱，且具有金属质感；其多边形的每条边的交会处，都延伸出一条半透明的“触角”，末端呈透明的水滴形。整个卵看起来如同一座建在叶子上的精致的金色宫殿。华东翠蛱蝶在我国分布于浙江、安徽、江西、福建等地。

蝶卵尺寸　2.48mm × 1.74mm

尖翅翠蛱蝶卵

Euthalia phemius

Nymphalidae，Limenitinae

尖翅翠蛱蝶卵看起来像是一座建在杧果（芒果）叶子上的迷你绿色堡垒。从许多翠蛱蝶属的蝶卵来看，圆锥塔形的外轮廓以及从表面伸出的“触角”是它们的家族性特征。不同种的卵的区别在于“塔”的层数和“触角”的形态。尖翅翠蛱蝶卵就是典型的三层塔，多边形构成的网状凹刻内布满了深浅不一的褶皱线条，在每一条“触角”末端则呈“Y”状分叉，这些“触角”是避免被寄生蜂寄生的有效手段。顶部为一个小平顶，从中心受精孔向外扩散出一片片花瓣，形成一朵极为精致的花朵。尖翅翠蛱蝶卵比较大，直径和高度都接近3.00mm，在初产时呈墨绿色，发育末期可见卵内幼虫的运动轨迹，卵的表面颜色也随之变浅。幼虫以漆树科的杧果、漆（漆树）等植物的叶子为食，雌蝶一般会将卵产在寄主植物的叶面上。尖翅翠蛱蝶在我国分布于福建、广东、广西、海南、云南、西藏、香港等地。

蝶卵尺寸　3.00mm × 3.00mm

绿裙蛱蝶卵

Cynitia whiteheadi

Nymphalidae，Limenitinae

绿裙蛱蝶属于裙蛱蝶属，它的卵看上去与翠蛱蝶属蝴蝶的卵有着极为相近的形态，而事实上它与翠蛱蝶属的确有着非常密切的渊源，在早些时候，它是被归在翠蛱蝶属的，后来因为种种缘由，被归入裙蛱蝶属。绿裙蛱蝶卵的大小约2.82mm × 2.32mm，形状为与翠蛱蝶属蝴蝶的卵相似的七层圆锥塔形，不同的是，其多边形表面的内陷较深，且有诸多褶皱和颗粒分布。每个多边形的边为红褐色，在其交会处均有一条细且短的软刺。软刺基部是一个半透明的球囊。绿裙蛱蝶幼虫以山茶科木荷的叶子为食，雌蝶喜将卵产在寄主植物的叶尖位置。绿裙蛱蝶在我国分布于浙江、福建、广东、海南、广西等地。

蝶卵尺寸　2.82mm × 2.32mm

中环蛱蝶卵

Neptis hylas

Nymphalidae，Limenitinae

环蛱蝶属蝴蝶的卵与翠蛱蝶属的有点相似，呈圆锥塔形，但长宽比更接近椭圆状，且顶端并非平整的。中环蛱蝶卵的大小约1.27mm × 1.40mm，翠绿色，由八层多边形构成，多边形内部凹陷成坑，坑的表面有细微的褶皱，卵的内部可见鳞状的卵质。每个多边形的顶点会伸出一条透明软刺。幼虫喜食多种豆科植物的叶子，也有取食大麻科的山黄麻、锦葵科的地桃花等植物的记录。雌蝶会将卵产在寄主植物的叶面上。中环蛱蝶卵在我国分布于广东、广西、海南、四川、重庆、云南、西藏、河南、江西、湖北、陕西、福建、香港等地。

蝶卵尺寸　1.27mm × 1.40mm

耶环蛱蝶卵

Neptis yerburii

Nymphalidae，Limenitinae

一次与好友去浙西拍蝶，午后雨过天晴，好友看见一只耶环蛱蝶在一片鸡血藤叶子上来回徘徊，便知晓此蝶可能要产卵，但不知为何选好了合适的叶子又踌躇不产，于是好友走近去一探究竟，发现原来叶子上有残留的雨水，好友顺手将水抹去，没过一会儿那只雌蝶果然在叶子上产下了一枚卵，而这也是这张照片的故事来源。耶环蛱蝶卵是一座迷你的七层玲珑塔，大小约1.43mm × 1.39mm，天青色带珍珠光泽的色彩使其成为环蛱蝶属蝴蝶卵中的翘楚。幼虫以豆科鸡血藤属的一些植物的叶子为食。雌蝶喜将卵产在寄主植物的叶尖。耶环蛱蝶在我国分布于陕西、湖北、安徽、浙江、江西、福建、四川、重庆、西藏等地。

蝶卵尺寸　1.43mm × 1.39mm

链环蛱蝶卵

Neptis pryeri

Nymphalidae，Limenitinae

蝶卵尺寸 1.02mm × 0.99mm

虽然绝大部分的环蛱蝶属蝴蝶的卵都有着极为类似的形态，但人类往往能很容易地感知到相似物体之间的细微差异，这就是所谓的第一感觉。而随后在仔细观察之下，所有的不同也将在抽丝剥茧中逐渐呈现。链环蛱蝶卵有着环蛱蝶属蝴蝶卵绝大部分的家族性特征，大小约1.02mm × 0.99mm，呈七层圆锥塔形，初产时墨青色，在发育过程中部分区域逐渐变得透明，表面有略显凌乱的软刺。多边形构成的凹坑内有细微的褶皱，略带金属质感。幼虫常以蔷薇科绣线菊的叶子为食。雌蝶喜欢将卵产于寄主植物的叶面或叶尖上。链环蛱蝶在我国分布于吉林、河南、山西、浙江、上海、安徽、湖北、江西、福建、重庆、贵州、台湾等地。

波蛱蝶卵

Ariadne ariadne

Nymphalidae，Biblidinae

在众多蝴蝶卵中，波蛱蝶卵的形态可以称得上“惊奇”。有一种植物叫苍耳，果实长满了刺，小时候调皮捣蛋，常互相丢在小伙伴的毛衣上，难以撕扯下来，而波蛱蝶卵全身炸毛的样子，像极了苍耳的果实。不过在超微视角下，在这个毫米见方的卵上，还拥有着更为复杂的细节。波蛱蝶卵大小约1.65mm × 1.36mm，初产时为绿色，形状似装红酒的橡木桶。约有15条纵脊，在每条纵脊上整齐排列着多个圆孔状凹坑，而那些毛刺，均是从这些凹坑中伸展出来的。其余区域除有少许褶皱外，没有明显的横纹。波蛱蝶的成蝶也很特别，它的翅面花纹就像卷笔刀卷出的铅笔屑的形状。幼虫以蓖麻、铁苋菜等植物的叶子为食。雌蝶喜将卵产在寄主植物的叶子背面。波蛱蝶在我国分布于云南、广西、广东、福建、海南、台湾、香港等地。

蝶卵尺寸　1.65mm × 1.36mm

素饰蛱蝶卵

Stibochiona nicea
Nymphalidae，Cyrestinae

素饰蛱蝶的成虫其实一点都不素，它穿着一身藏青色花边的裙子，配色非常高级，阳光下反射着炫丽的光彩。反观它的卵，确实很素，通体呈毫无杂质的乳白色，形似一个倒扣于荨麻叶上的白瓷杯。卵的大小约0.92mm × 0.90mm。纵脊脊背洁白，脊身为透明片状。横纹宽而浅，且富有褶皱感。幼虫生有两角两尾，许多蛱蝶幼虫都存在“斗殴”现象，如果两条幼虫同时在一片叶子上，那么它们将用头上的“犄角”战斗，以武力争下属于自己的地盘，哪怕是头破血流。幼虫以荨麻科冷水花属等植物的叶子为食。雌蝶喜欢将卵产在寄主植物的叶子背面。素饰蛱蝶在我国分布于广东、海南、广西、福建、云南、浙江、江西、四川等地。

蝶卵尺寸　0.92mm × 0.90mm

异型紫斑蝶卵

Euploea mulciber
Nymphalidae，Danainae

如果粉蝶卵是“子弹”形，那么斑蝶的卵就像一枚炮弹。异型紫斑蝶卵的大小约1.09mm × 1.90mm，初产时为淡黄色，整体较为匀称，表面整齐排列有圆角矩形的刻纹。接近顶部的区域，矩形变为不对称的凹坑形态，且向顶端逐渐缩小。异型紫斑蝶最美的是它的蛹，呈金属质感，在不同光线下会反射出五彩斑斓的颜色，如同美丽的星河。幼虫喜欢以夹竹桃科和桑科榕属的多种植物的叶子为食。它们吃了有毒植物后会将毒素累积于体内，以此来避开天敌的捕食。雌蝶会将卵产在寄主植物的叶子及茎上。异型紫斑蝶在我国分布于广东、广西、海南、台湾、香港、四川、贵州、云南、福建、湖南等地。

蝶卵尺寸　1.09mm × 1.90mm

大帛斑蝶卵

Idea leuconoe

Nymphalidae，Danainae

蝶卵尺寸 1.47mm × 2.12mm

大帛斑蝶也被称为“幸运蝶”，它的成虫黑白相间，体形硕大，飞行缓慢，悠然的姿态非常具有观赏性。其实大帛斑蝶最大的亮点在于它的蛹，其拥有一身金色的华丽外壳，犹如有生命的金块，等它化茧成蝶，反而蜕去了华丽感，给人一种素雅的感觉。大帛斑蝶卵的形状像米粒，大小约1.47mm × 2.12mm，表面布满了圆角矩形的凹刻纹理。初产时乳白色，在随后的发育过程中，卵的顶部和中部会出现粉色或紫色的受精斑，颜色看起来非常温柔。幼虫的身上红白黑相间，颜色非常醒目，这是一种警戒色，警告天敌自己身有剧毒，从而避免被捕食。幼虫也的确有毒，它们喜欢以有毒的夹竹桃科植物海南同心结（爬森藤）的叶子为食，之后将毒素累积于体内。雌蝶喜欢将卵产在寄主植物的叶面上。大帛斑蝶在我国主要分布于台湾地区。

青斑蝶卵

Tirumala limniace
Nymphalidae，Danainae

青斑蝶卵的大小约1.00mm × 1.10mm，较其他斑蝶的卵小。除去个体上的差异，能一眼分辨出青斑蝶卵与其他斑蝶卵的特征是它“膀大腰圆”的标志性身躯。卵的中部较宽，下半部分略微收窄，纵脊宽而圆润。横纹与纵脊交织出许多整齐排列的圆角矩形，覆盖了整个卵。纵观其卵，就如一颗珍珠立于叶面。青斑蝶成虫的翅膀为黑褐色，上面有浅青色、半透明的斑纹。蛹的颜色为鲜嫩的绿色，非常可爱。幼虫以夹竹桃科的南山藤和夜来香的叶子为食。雌蝶喜将卵产在寄主植物的叶片背面。青斑蝶在我国分布于广东、广西、云南、湖南、台湾、海南、西藏、香港等地。

蝶卵尺寸　1.00mm × 1.10mm

灰蝶科
LYCAENIDAE

素雅灰蝶卵

Jamides alecto

Lycaenidae, Polyommatinae

如果说蛱蝶卵以形态多样著称，那么灰蝶卵则因花纹 多变而迷人。灰蝶科蝴蝶的卵多为圆而扁平的形态，这也为“雕刻”纷繁复杂的花纹提供了空间。素雅灰蝶是我国南方常见的一种灰蝶，它的卵的精致程度在所有灰蝶中可谓是佼佼者。卵的全身呈通透的青绿色，受精孔如绽放的玫瑰，浮雕状的花纹从其外侧均匀铺开，在接近边缘时陡然变为洁白的镂空雕刻，就如一个完美无瑕的翡翠艺术品。素雅灰蝶卵的直径约0.92mm。幼虫常以多种姜科植物的花为食，雌蝶会将卵产在寄主植物的花蕾附近的嫩叶上。素雅灰蝶在我国分布于广东、广西、福建、湖南、海南、云南、香港、台湾等地。

蝶卵尺寸 ∅0.92mm

锡冷雅灰蝶卵

Jamides celeno

Lycaenidae, Polyommatinae

锡冷雅灰蝶是与素雅灰蝶同属的蝶种，都属于雅灰蝶属，因而其蝶卵也有着与素雅灰蝶相似的家族性形态，但其卵边缘的镂雕花纹要比素雅灰蝶卵的花纹更棱角分明一些。初产时，卵的颜色呈淡绿色，在发育过程中，部分区域的色泽会变为青绿色。卵的大小较素雅灰蝶卵略小，直径约0.73mm。幼虫以多种豆科植物的花蕾、嫩叶为食。雌蝶会将卵产于寄主植物的花蕾附近。锡冷雅灰蝶在我国分布于广东、广西、福建、海南、云南、香港、台湾等地。

蝶卵尺寸 ∅0.73mm

钮灰蝶卵

Acytolepis puspa
Lycaenidae, Polyommatinae

钮灰蝶卵在如花般的精孔之外，线条化的纹理从内而外、从小到大“钩织”出一朵复杂而神秘的青绿色花朵。具有一种纯粹的秩序美——这是我对钮灰蝶卵的第一个印象。很难想象在直径仅0.66mm左右的平面上能“雕刻”出这样精密的花纹。网格内部的表面可见层层叠叠的鳞状纹理。钮灰蝶的寄主植物繁杂，蔷薇科的山樱花、大戟科的土蜜树、豆科的朱缨花（美蕊花）都在它们的食谱之内，且幼虫喜欢吃这些植物的花蕾和嫩叶，雌蝶也会将卵产在寄主植物的花蕾和嫩叶上。钮灰蝶在我国分布于广东、广西、福建、江西、海南、四川、云南、西藏、香港、台湾等地。

蝶卵尺寸 ⌀0.66mm

美姬灰蝶卵

Megisba malaya
Lycaenidea，Polyommatinae

美姬灰蝶是分布在我国南方的一种较小的灰蝶，它的成虫外表很像钮灰蝶，不过比钮灰蝶多出一对小小的尾突。美姬灰蝶卵与钮灰蝶卵的色彩和纹理差异较大。美姬灰蝶卵初产时为浅绿色，直径约0.53mm，发育过程中卵的颜色会逐渐变成白色。脊纹构建的纹理呈螺旋式排列。每个网格内都有一块独立于脊纹的浮雕纹饰。美姬灰蝶幼虫喜欢以大戟科野桐属及鼠李科雀梅藤属等植物的花蕾为食，所以雌蝶一般会把卵产在寄主植物的花蕾以及花蕾附近的叶面上。美姬灰蝶在我国分布于广东、广西、福建、海南、云南、台湾、香港等地。

蝶卵尺寸　⌀0.53mm

红珠灰蝶卵

Lycaeides argyrognomon
Lycaenidae，Polyommatinae

红珠灰蝶卵在超微视角下看起来像一个精致的冰皮月饼，它的直径约0.78mm，初产时为淡青色，脊纹“钩织”的网格细而长，且从精孔方向往外呈辐射状，接近边缘时扩大成蕾丝花边状。蝶卵在发育过程中会逐渐变成白色，少部分卵在这个过程中，表面会向内凹陷。幼虫以多种豆科植物的叶子为食，雌蝶会把卵产在寄主植物的叶面或茎上。红珠灰蝶属于北方特有的蝶种，在我国分布于黑龙江、吉林、辽宁、北京、河北、陕西、山西等地。

蝶卵尺寸 ⌀0.78mm

①

②

① 红珠灰蝶卵初产时为淡青色。
② 在随后的发育过程中，整个蝶卵褪色成浅色，且部分蝶卵的中心会向内凹陷。

点玄灰蝶卵

Tongeia filicaudis
Lycaenidae，Polyommatinae

点玄灰蝶是在我国分布较广的一种小型灰蝶，它们的幼虫被称为“多肉杀手”，因为景天科植物的叶肉是它们喜欢吃的食物，它们会钻进这些厚叶子里躲藏和取食。点玄灰蝶卵的直径约0.57mm，初产时为淡青色，如同一朵小小的雏菊绽放在叶面上，精孔区与脊纹形成的图案，像是一个被图形化的数学函数公式。在发育过程中，卵的部分区域会慢慢褪色变浅。点玄灰蝶在我国分布于河南、山东、四川、陕西、福建、广东、浙江、江苏、江西、台湾等地。

蝶卵尺寸　∅0.57mm

酢浆灰蝶卵

Zizeeria maha
Lycaenidae, Polyommatinae

在春夏季的田埂草地、住宅沟边，甚至在屋檐墙角，你都能看到一种很小的植物，它们扎堆而生，长有三片倒心形的叶子，开着红色或黄色的花朵，那就是酢浆草。酢浆灰蝶幼虫因专以酢浆草的叶子为食而得名。酢浆灰蝶卵就像建在叶子上的一个鸟巢形建筑，结构复杂而精妙，脊纹线条编织的图案，则似一种钩针艺术的典范。这一切的细节，都是在直径仅为0.58mm的蝶卵表面“刻画”而成的。酢浆灰蝶在我国分布于江苏、浙江、福建、江西、广东、广西、海南、四川、重庆、贵州、云南、西藏、香港、台湾等地。

蝶卵尺寸 ⌀0.58mm

①

②

① 侧视图。
② 俯视图。

琉璃灰蝶卵

Celastrina argiolus

Lycaenidae，Polyommatinae

蝶卵尺寸　∅0.64mm

琉璃灰蝶的翅膀反面呈灰白色，看起来很朴素，但如果你看到雄蝶展翅的姿态，就会发现雄蝶的翅膀正面呈闪耀着金属光泽的靛蓝色，让人眼前一亮。琉璃灰蝶的寄主植物主要为多种豆科植物，包括刺槐、胡枝子、紫藤等。虽然可食的植物多种多样，但幼虫偏爱它们的花苞，所以成虫一般会将卵产在寄主植物的花苞上或花苞附近。琉璃灰蝶卵的直径只有0.64mm左右，而就在这么微小的卵上，脊纹“刻画”出了暗含斐波那契数列的美丽几何图形。蝶卵初产时为淡绿色，随着发育，颜色会逐渐变成白色。琉璃灰蝶在我国除了新疆和海南外，其他地区都有分布。

一点灰蝶卵

Neopithecops zalmora
Lycaenidae，Polyommatinae

一点灰蝶又叫黑点灰蝶，蝶如其名，在后翅反面的上边缘处有一个大黑点，似被点上了浓重而醒目的一笔。有着类似黑点的蝴蝶还有蓝丸灰蝶和黑丸灰蝶。一点灰蝶卵的表面有很多深刻的脊纹，它们交错成的花纹就如精孔区花瓣的无限延伸，这也像量子世界中的空间，变幻无穷。一点灰蝶卵很小，所有细节皆在直径约0.58mm的表面“刻画”而成。一点灰蝶幼虫以芸香科山小橘的花和果为食，所以雌蝶一般会把卵产在寄主植物的花、果附近。一点灰蝶在我国分布于广东、广西、福建、海南、云南、台湾、香港等地。

蝶卵尺寸 ⌀0.58mm

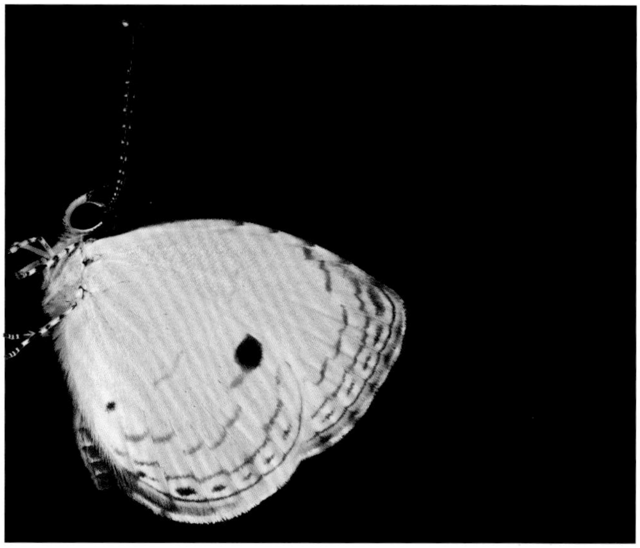

曲纹紫灰蝶卵

Chilades pandava

Lycaenidae，Polyommatinae

蝶卵尺寸　⌀0.54mm

曲纹紫灰蝶又叫苏铁小灰蝶，与其近亲的灰蝶多以芸香科和豆科植物为食，它却以有毒的苏铁为寄主植物，算是灰蝶中的一个异类。当苏铁开始抽新芽时，会引来许多曲纹紫灰蝶雌蝶在上面产卵，所以有时候你可以在叶片上看到密密麻麻的蝶卵。苏铁的叶子坚硬如剑，所以幼虫必须在嫩芽变硬之前努力把自己吃到可以化蛹，才能存活到下一个生命阶段。曲纹紫灰蝶卵初产时淡绿色，直径约0.54mm，在发育过程中，颜色会变为青蓝色或白色。苏铁的嫩芽在显微镜下就像一团乱絮，而曲纹紫灰蝶卵上蕾丝般的脊纹，恰似钩出了一朵生在乱世的“佳人”。曲纹紫灰蝶在我国分布于广东、广西、香港、台湾等地。

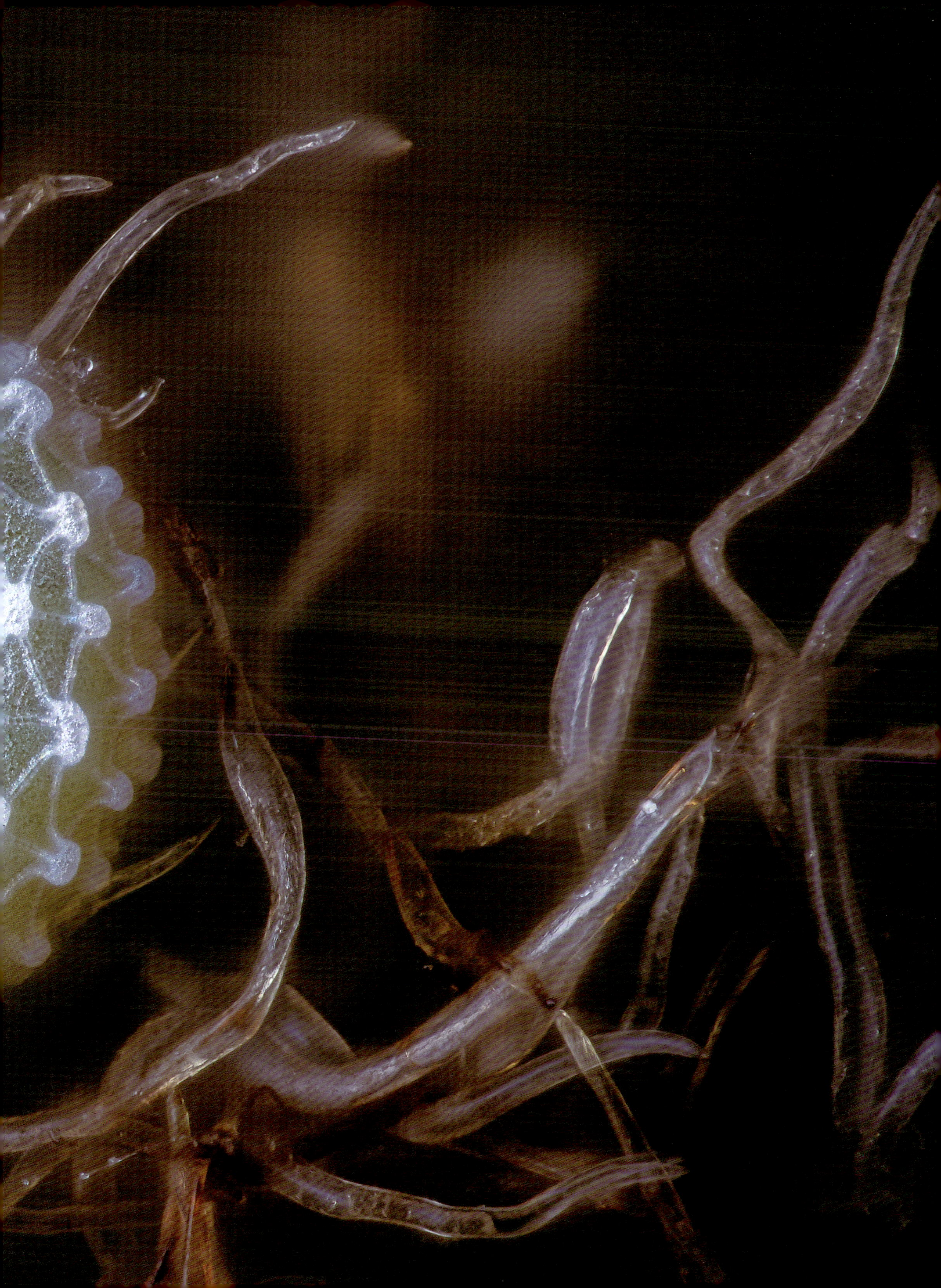

中华锯灰蝶卵

Orthomiella sinensis

Lycaenidae，Polyommatinae

中华锯灰蝶是一种很小巧的蝴蝶，侧面看只有1cm左右。它们一年只繁衍一代，以蛹越冬，每到春天羽化成蝶。成蝶具有集群“扑泥”的习性，会成群结队地在地面汲取水分和矿物质。幼虫喜欢以壳斗科的栗等植物为食，雌蝶会把卵产在一些壳斗科植物的嫩芽附近。中华锯灰蝶卵的尺寸很小，直径只有0.52mm左右。待幼虫孵化，它们就从嫩芽开始取食，然后吃花序和花蕾。中华锯灰蝶卵很难被发现，除了小，还因为卵为绿色，与所在的嫩芽颜色极为相似。不过它们的卵有一个很有意思的特点，在受光部位的表面，会反射出五彩缤纷的色彩。中华锯灰蝶在我国分布于浙江、陕西、河南等地。

蝶卵尺寸　∅0.52mm

安灰蝶卵

Ancema ctesia

Lycaenidae，Theclinae

不是所有的灰蝶卵都呈扁圆的形状，也有类似安灰蝶卵这样半球形的，样子很像一些弄蝶的卵，但表面的纹理要丰富很多。安灰蝶卵初产时呈淡青色，洁白的脊纹宽大而圆润，构成由多边形组成的网状纹路，遍布整个蝶卵。在每个多边形内可见许多鳞片状的纹饰。蝶卵大小约0.81mm × 0.66mm。幼虫主要以檀香科的棱枝槲寄生的嫩枝为食，雌蝶会将卵产于寄主植物的枝上。安灰蝶在我国分布于浙江、广东、广西、福建、海南、云南、西藏、香港等地。

蝶卵尺寸　0.81mm × 0.66mm

白衬安灰蝶卵

Ancema blanka

Lycaenidae，Theclinae

白衬安灰蝶与安灰蝶同属于安灰蝶属，所以其卵有着与安灰蝶卵很相似的外轮廓。但在显微镜下观察，我们会发现它们之间其实有着很大的区别。白衬安灰蝶卵的脊纹要比安灰蝶卵的更加宽大而平坦，因而其组成的多边形网格就显得更小，网格内的鳞状纹理也所见甚少。白衬安灰蝶卵大小约0.84mm × 0.72mm，幼虫主要以檀香科的瘤果槲寄生与棱枝槲寄生为食。雌蝶会将卵产于寄主植物的叶面和嫩枝上。白衬安灰蝶在我国分布于海南、广东、广西等地。

蝶卵尺寸　0.84mm × 0.72mm

鹿灰蝶卵

Loxura atymnus

Lycaenidae，Theclinae

鹿灰蝶的翅膀正反面颜色都以鲜艳的橙色为主。它的翅形非常独特，后翅延伸出来的尾突极长。而它的卵在众多灰蝶中也属于特立独行的一种，不是典型的扁圆形，而更像倒扣在叶子上的一只白瓷小碗。卵的大小约0.91mm × 0.46mm，表面细看可见珠光质的褶皱纹饰，星点般的圆点孔洞布满了整个蝶卵。幼虫喜欢以菝葜属植物或薯蓣属薯莨的嫩叶为食。雌蝶会将卵产在寄主植物的嫩叶或嫩叶附近的茎上。鹿灰蝶在我国分布于海南、广东、广西、云南等地。

蝶卵尺寸　0.91mm × 0.46mm

绿灰蝶卵

Artipe eryx

Lycaenidae，Theclinae

当栀子果结满枝头时，绿灰蝶就开始悄悄进行繁衍的计划，雌蝶会把它们的卵产在栀子果顶部的萼片内侧，如此一来对于蝶卵来说既隐蔽又安全。而它们孵化出的幼虫会咬破栀子果的外壳，钻进去吃美味的果肉。绿灰蝶的幼虫期几乎都以栀子果为家，而被吃空的果子也正好用来当作它们化蛹的最佳场地。绿灰蝶卵的直径大约为1.12mm，初产时为白色或乳白色，宽而平坦的褶皱状脊纹在蝶卵表面构建出网格状纹理，每个网格内都有一块独立于脊纹的浮雕纹饰。绿灰蝶的雌雄蝶的翅膀背面都呈清新的灰绿色，因而又被称作“绿底小灰蝶”，在我国分布于浙江、江西、福 建、广东、台湾、海南、广西、贵州、云南、四川、香港等地。

蝶卵尺寸　∅1.12mm

冷灰蝶卵

Ravenna nivea

Lycaenidae，Theclinae

初夏时节，冷灰蝶迎来了产卵的高峰期，它们一年只会繁殖一代，产下的卵会经历炎热的夏天和漫长的冬天，待春暖花开，青冈萌芽时，冷灰蝶卵也开始孵化幼虫，这些幼虫喜欢以青冈的嫩芽为食。雌蝶产卵时会将卵产在寄主植物的休眠芽附近，以便幼虫一孵化就可以找到食物。冷灰蝶卵的直径约0.92mm，初产时为白色，有一种防撞泡沫的质感，凸起的脊纹将蝶卵构建成一个蕾丝花球。冷灰蝶在我国分布于浙江、福建、广东、贵州、四川、江西、台湾等地。

蝶卵尺寸　∅0.92mm

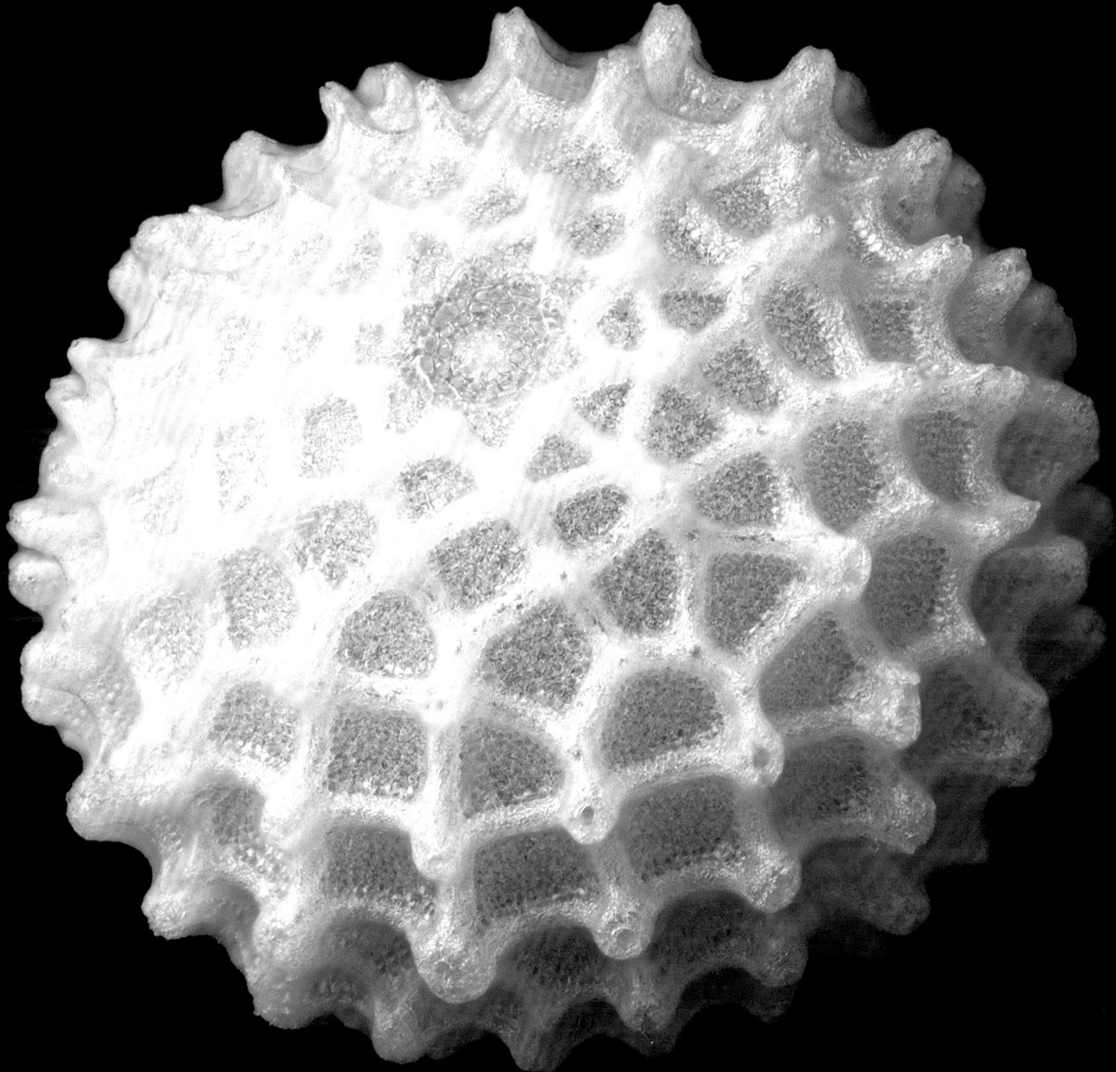

淡黑玳灰蝶卵

Deudorix rapaloides
Lycaenidae，Theclinae

许多蝴蝶幼虫以寄主植物的叶子为食，淡黑玳灰蝶幼虫则以寄主植物的果实和花苞为食。雌蝶会将卵产在山茶的果实上，孵化出的幼虫牙口很好，它们会咬破果皮直接钻进去吃果肉，并且吃喝拉撒全在里面，一个果实吃完换另外一个，直到化蛹为止。当然，它们也会吃又嫩又香的花苞。淡黑玳灰蝶卵看起来像一块美味的曲奇饼干，直径约1.08mm，初产时淡黄色，透明的脊纹连接成多个三角形或四边形，遍布整个卵，每个多边形的顶点连接处都有一个白色的凸起装饰，好像饼干上的糖霜。淡黑玳灰蝶在我国分布于广东、广西、福建、陕西、湖南、江西、安徽及台湾等地。

蝶卵尺寸　⌀1.08mm

①

②

① 俯视图。
② 侧视图。

丫灰蝶卵

Amblopala avidiena

Lycaenidae，Theclinae

每一种蝴蝶都有其独特的花纹和风格，在丫灰蝶的后翅反面，有一个由灰白色翅鳞构成的“丫”字形，贯穿了整个后翅，因而得名。丫灰蝶也是一年只繁衍一代的蝴蝶，每年早春，雌蝶会将卵产在合欢的休眠芽附近，待芽萌发后，蝶卵开始孵化。幼虫会以这些嫩芽为食，它们还会在嫩叶枝头上做一个叶巢用于休息。丫灰蝶卵直径约0.98mm，初产时为淡绿色，中央有一个凹陷的精孔，形如花蕊。在精孔附近，脊纹开始扩展并“钩织”出一个蕾丝状的图案，宛若精致的艺术品，其网格的表面是带有气孔的鳞片状纹饰。丫灰蝶在我国分布于江苏、浙江、福建、河南、陕西、广东、湖南及台湾等地。

蝶卵尺寸 ⌀0.98mm

①

②

① 俯视图。
② 侧视图。

齿翅娆灰蝶卵

Arhopala rama
Lycaenidae，Theclinae

蝶卵尺寸　∅0.90mm

齿翅娆灰蝶卵的表面长满了刺，难以想象看上去那么“扎手”的卵在蝴蝶身体里是如何形成的，而它们演化成如此模样的原因又是什么。蝴蝶处在食物链的底层，所以似乎每一个生命阶段都在以渡劫的方式生存着，也许这些表面的刺可以增加寄生蜂寄生的难度，也或许是模拟了某种霉菌的样子，让一些虫子避之不及。对于蝴蝶的许多行为的目的，人们至今还停留在猜测阶段，但无论是何种原因和手段，都是为了让蝶卵更好地生存下来。而如果不出意外，这颗直径只有0.90mm的“刺球”，将会变成一只美丽的蝴蝶。齿翅娆灰蝶的幼虫喜欢吃壳斗科的青冈、白栎等植物的嫩叶，所以雌蝶一般会把卵产在这些寄主植物的休眠芽附近，这样幼虫一旦孵化便可找到食物。有时候它们也与蚂蚁相伴，但并非绝对。齿翅娆灰蝶在我国分布于云南、四川、浙江、福建、广东、广西、香港等地。

珍灰蝶卵

Zeltus amasa

Lycaenidae，Theclinae

珍灰蝶的一生，可谓四态皆美。青绿色的卵像一个爽口的小甜点，蛹像一个可爱的小娃娃，幼虫通体碧绿，成虫长着长长的尾突，飞行时飘逸轻盈。珍灰蝶卵的大小约0.65mm × 0.36mm，初产时为淡淡的青绿色，在发育过程中颜色会逐渐变为白色，顶部的精孔区域如花瓣般绽放，透明而圆润的脊纹阡陌纵横，编织出一张网，覆盖了整个蝶卵，而诸多鳞片状的纹理装饰了所有网格。绿豆般大小的幼虫喜欢以马鞭草科的大青及茜草科的龙船花等植物的花苞为食，它们会藏在寄主植物的花柄下偷偷吃花苞。为了幼虫一孵化便能找到食物，雌蝶会把卵产在寄主植物的花苞附近。珍灰蝶在我国分布于云南、广东、广西、海南等地。

蝶卵尺寸　0.65mm × 0.36mm

银线灰蝶卵

Spindasis lohita
Lycaenidae，Theclinae

蝶卵尺寸 ⌀0.85mm

银线灰蝶是一种聪明又极富手段的蝴蝶，与其他食性相对专一的灰蝶不同，它们的寄主植物极为繁杂，比起寄主植物的具体种类，雌蝶更关注某种植物上是否有举腹蚁筑巢。当发现某种植物上有举腹蚁巢时，雌蝶会把卵产在工蚁的路径上，或直接把卵产在蚁巢边缘。孵化后的幼虫除了进食时待在寄主植物的叶片上外，大部分时间都躲在举腹蚁的蚁巢里。同一个举腹蚁巢内常常能发现多只银线灰蝶幼虫，这些幼虫甚至可以是由不同的雌蝶所生，且龄期不同。当幼虫从卵中孵化后，蚂蚁就会寸步不离地守护它们，幼虫则会分泌出源源不断的美味蜜露给蚂蚁食用。蚂蚁对这种蜜露的迷恋，让它们甘愿充当幼虫的侍卫。这种共生关系使得幼虫的生存能力大大提高。银线灰蝶卵具有群产性，每一颗卵的直径约0.85mm，初产时为淡绿色，但会在很短的时间内变为咖啡色，脊纹“刻画”的花瓣纹理，就像绽放在叶子上的一朵朵咖啡色花朵。银线灰蝶在我国分布于浙江、广东、广西、四川、福建、香港、台湾等地。

珀灰蝶卵

Pratapa deva

Lycaenidae，Theclinae

蝶卵尺寸　0.92mm × 0.46mm

生物是个圈子，一些寄生类植物是许多灰蝶的寄主，而这些寄生植物又以同样的方式从它们的寄主身上吸取营养。珀灰蝶是一种南方常见的灰蝶，幼虫以多种桑寄生科植物的叶子为食，它们的生活习性非常有意思，幼虫在低龄时吃嫩叶，等大龄后就开始吃老叶子，而在这个过程中，它们的体色就像变色龙一样，会根据吃的叶子的颜色不同而变化。幼虫休息时会将身体沿着叶子的咬痕趴伏，让自己融入那片叶子，若是不仔细看很难发现它们的存在。珀灰蝶卵的大小约0.92mm × 0.46mm，给我的第一印象是像一个藏着珍宝的迷你容器。雌蝶喜欢将卵产在寄主植物的叶面上，卵初产时为淡绿色，在半球形的表面，脊纹勾勒出许多个六边形，而在每个六边形的顶角上都会有两个小小的触角，六边形凹陷的表面布满鳞片状纹理。珀灰蝶在我国分布于福建、广东、广西、海南、云南、香港等地。

莱灰蝶卵

Remelana jangala
Lycaenidae，Theclinae

有许多灰蝶的幼虫都与蚂蚁有着共生关系，莱灰蝶亦是如此。梅氏多刺蚁除了充当“打手”以外，也会得到幼虫分泌的蜜露作为回报。如果在野外看到蚂蚁爬满了一条幼虫，不要惊讶，也许并不是蚂蚁在搬运食物，而是灰蝶幼虫在“摆驾出宫”。莱灰蝶的寄主植物繁多，它们会趴在荔枝叶上吃嫩叶，也会躲在龙船花下吃未开放的花蕾。还有很多植物，譬如豆科的朱缨花、双荚决明，壳斗科的柯等，也都可以成为它的寄主。雌蝶会选择在寄主植物的花蕾和嫩叶上产卵，它的卵很像珀灰蝶的卵，但是仔细分辨，可以发现它们有着诸多不同之处。莱灰蝶卵大小约0.86mm × 0.56mm，初产时呈淡绿色，脊纹锐利而狭窄，由它们构建的多边形也并非像珀灰蝶卵那样的六边形，顶角也没有伸出来的“触角”。莱灰蝶在我国分布于福建、广东、广西、江西、海南、香港等地。

蝶卵尺寸　0.86mm × 0.56mm

克灰蝶卵

Creon cleobis

Lycaenidae，Theclinae

克灰蝶是一种以广寄生为寄主植物的灰蝶，它的低龄幼虫喜欢吃嫩叶，而末龄幼虫则更喜欢吃广寄生叶间的果子，吃相很特别，幼虫以腹足抱住果柄，将果子埋在怀里大吃特吃，吃完一个抱另一个，活脱脱是个贪吃鬼。雌蝶会将卵产在果子、树枝和叶子上。克灰蝶的卵大小约0.82mm × 0.46mm，初产时为淡绿色，发育过程中会变为白色，形态很像莱灰蝶卵，不过细辨之下，它们之间也有区别，克灰蝶卵的脊纹没有莱灰蝶卵的那么锐利，所以整个卵看起来更加圆润一些。克灰蝶在我国分布于福建、广东、广西、香港等地。

蝶卵尺寸　0.82mm × 0.46mm

尖翅银灰蝶卵

Curetis acuta
Lycaenidae，Curetinae

尖翅银灰蝶的翅膀反面遍布银鳞，上面还缀有墨蓝色的斑点，如同点点星辰，在阳光下会显出银蓝色的质感。它的幼虫是一个有两把“刷子”的小东西，在幼虫的尾部有两个突出的器官，名为“喜蚁器”，在受到惊吓的时候，幼虫便会从“喜蚁器”中弹出两个绒球，疯狂甩动，并释放类似蚁后信息素的气味，用来招兵买马，吸引蚂蚁保护自己。尖翅银灰蝶幼虫喜食多种豆科植物的花蕾和嫩叶，所以雌蝶会将卵产在这些部位附近。卵初产时呈淡淡的青绿色，如一个薄荷味的甜品，发育过程中颜色逐渐变为白色。卵的直径约1.00mm，脊纹深刻成圆形的凹坑，其内布满珠光质的鳞片状纹饰。尖翅银灰蝶在我国分布于河南、湖北、湖南、上海、浙江、四川、江西、福建、广东、广西、海南、台湾、香港等地。

蝶卵尺寸 ∅1.00mm

蚜灰蝶卵

Taraka hamada
Lycaenidae，Miletinae

蚜灰蝶是为数不多的肉食性蝴蝶，在它们的幼虫期，以禾本科植物上的扁蚜为食，所以雌蝶会把卵产在有蚜虫生活的区域，对于蚜虫来说，这是一颗定时炸弹，在几天之后，幼虫孵化，附近千军万马的蚜虫将“尸横遍野”。蚜灰蝶卵一般呈梯形圆柱状或倒梯形圆柱状，大小在0.57mm × 0.27mm左右，初产时通体呈白色半透明状，看起来像一个“Q弹”的果冻，顶部的脊纹以受精孔为中心，扩散出一个蜂巢形的网格纹路，在边缘处收缩为百褶裙边。蚜灰蝶在我国分布于除西北干燥地带及西藏高寒地带以外的大部分地区。

蝶卵尺寸　0.57mm × 0.27mm

波蚬蝶卵

Zemeros flegyas
Lycaenidae，Riodininae

蝶卵尺寸　∅1.38mm

波蚬蝶和大多数灰蝶一样，是一种娇小的蝴蝶。它们喜欢在阳光明媚的时候出没，飞行速度极快，但飞翔的距离较短。有趣的是，在它们停下来小憩时，翅膀总是以半开半合的姿态展开，形似贝类蚬子打开双壳时的样子，因而得名。波蚬蝶的卵在诸多蝴蝶卵中也算是非常独特的一种，初产时为半透明的淡绿色，在其上伸出数十条纤细的软刺，俯视之，如同一个日珥如焰的小小太阳。卵的直径约1.38mm，可见其内部有斑块状的卵质。幼虫以紫金牛科的鲫鱼胆等植物的叶子为食，雌蝶喜欢将卵产于寄主植物的叶子背面。波蚬蝶在我国分布于浙江、福建、江西、湖南、广东、广西、海南、四川、重庆、贵州、云南、西藏、香港等地。

后记

从我开始摄影至今，昆虫一直是我记录与拍摄的对象，本质来说摄影只是我用来观察它们的手段，所以在本书中关于摄影的内容谈及较少，而我更想分享的是，生命在微观世界中精彩与有趣的部分。远古时期的地球，本是寂静而荒芜的，自生命诞生之时起，世界就变得喧闹而瑰丽多彩起来。经过亿万年的演化，它们各自“创立”了独特的DNA密码，然而有趣的是，每一种生命个体的意识，似乎都无法主动控制这种密码的演化。就如人类引以为傲的思维意识，可以创造、发明、推理甚至改变这个世界，但他们却无法控制自身血压和血糖的变化以及心跳的节奏，身体中每个部分的维生系统和免疫系统如何工作，也并非由他们来作出决定。尽管如此，人类的意识却觉醒了对精神世界的认知。蝴蝶卵作为一个生命最初的阶段，坦率地说，它们承载的秘密我们至今都知之甚少，但直觉告诉我们，它们是自然赋予人类的生命宝石，存在于鲜有人问津的须弥世界里，没有尘烟之气，纯粹而无垢，是大自然亿万年精雕细琢的艺术品。

然而并非每一个蝴蝶卵都能羽化成蝶，在残酷的自然界中，它们的每一个生命阶段都有可能遭遇自然灾害与天敌的袭击，甚至因为食物短缺而造成“夭折”，真正能成长起来的蝶卵不足百分之一二。故而在这个大千世界中，每一个脆弱又坚强的生命都值得我们去尊重与敬畏。

参考文献

武春生，徐堉峰．中国蝴蝶图鉴．福州：海峡出版发行集团 海峡书局，2017.

朱建青，谷宇，陈志兵，陈嘉霖．中国蝴蝶生活史图鉴．重庆：重庆大学出版社，2018.

陈嘉霖，徐堉峰．毛毛虫变蝴蝶的奥秘．福州：海峡出版发行集团 海峡书局，2019.

特别致谢

（按姓氏拼音首字母排序）

真诚感谢对本书作出贡献的朋友们，有你们的帮助本书才会如此丰富。

陈嘉霖

邓伟健

关炜

刘平平（子轩）

钱家维（枪手）

王冬冬（萬國候）

吴金海（果丁）

章恩祈

张红飞

中文名称索引

拉丁学名索引

达摩凤蝶鳞片（20×）

绿灰蝶鳞片(20x)

美眼蛱蝶鳞片（20×）

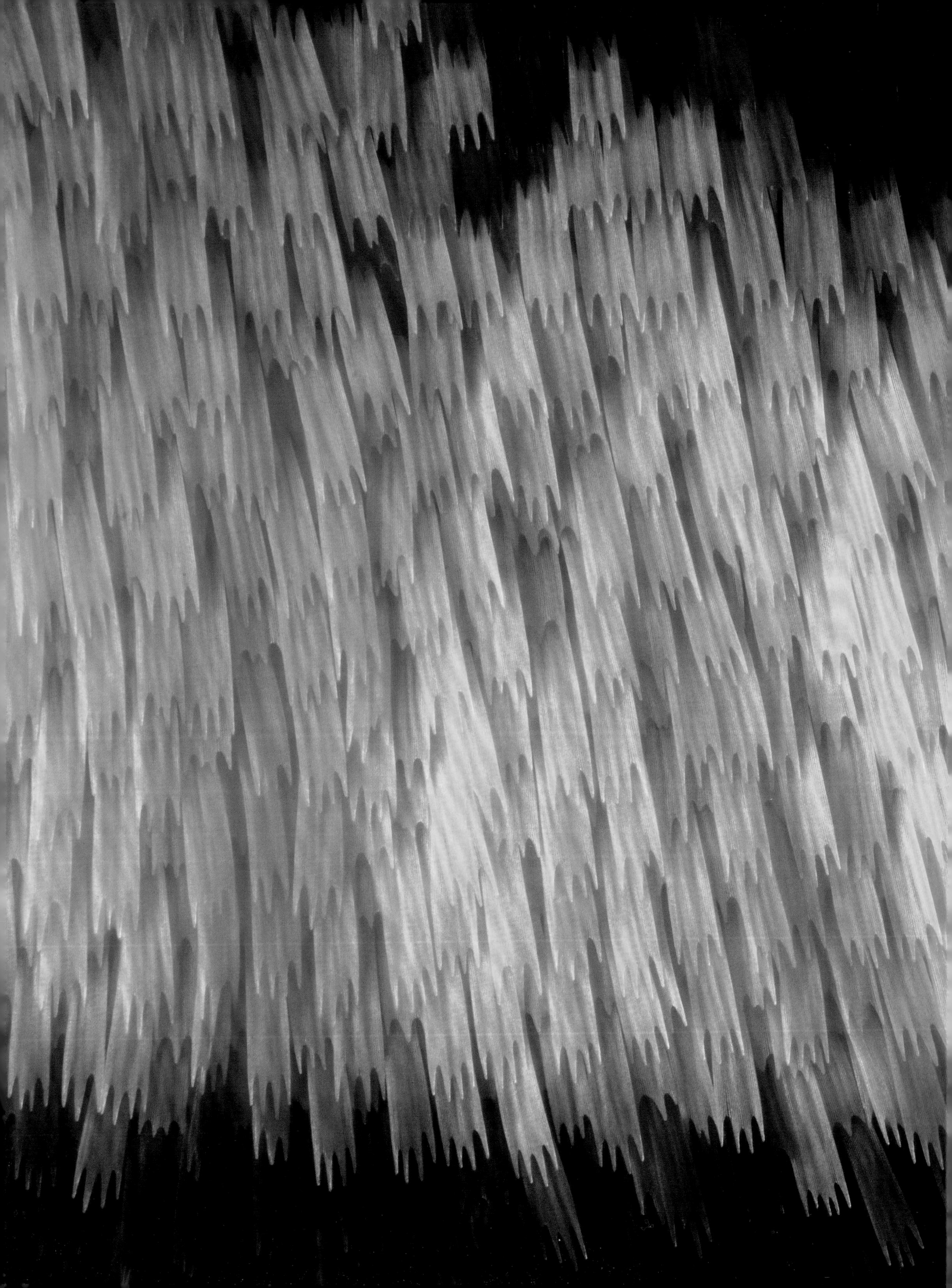

栅黄灰蝶鳞片（20x）

每一个脆弱又坚强的生命都值得我们去尊重与敬畏